Prescrição e orientação do exercício físico

O selo DIALÓGICA da Editora InterSaberes faz referência às publicações que privilegiam uma linguagem na qual o autor dialoga com o leitor por meio de recursos textuais e visuais, o que torna o conteúdo muito mais dinâmico. São livros que criam um ambiente de interação com o leitor – seu universo cultural, social e de elaboração de conhecimentos –, possibilitando um real processo de interlocução para que a comunicação se efetive.

Prescrição e orientação do exercício físico

José Cassidori Junior
Jackson José da Silva

EDITORA
intersaberes

Rua Clara Vendramin, 58 • Mossunguê • CEP 81200-170 • Curitiba • PR • Brasil
Fone: (41) 2106-4170 • www.intersaberes.com • editora@editoraintersaberes.com.br

Dados Internacionais de Catalogação na Publicação (CIP)
(Câmara Brasileira do Livro, SP, Brasil)

Cassidori Junior, José
Prescrição e orientação do exercício físico/José Cassidori Junior, Jackson José da Silva. Curitiba: InterSaberes, 2020. (Série Corpo em Movimento)

Bibliografia.
ISBN 978-65-5517-615-5

1. Atividade física 2. Corpo (Educação física) 3. Educação física 4. Esportes 5. Exercícios físicos 6. Exercícios físicos – Aspectos fisiológicos I. Silva, Jackson José da. II. Título III. Série.

20-36033 CDD-796.07

Índices para catálogo sistemático:
1. Educação física: Esportes: Estudo e ensino 796.07

Maria Alice Ferreira – Bibliotecária – CRB-8/7964

1ª edição, 2020.

Foi feito o depósito legal.

Sumário

Agradeço a toda a minha família,
aos meus amigos, colegas de
profissão, alunos e a todos os
meus professores de graduação e
pós-graduação.

José Cassidori Junior

Agradeço à minha família e a Deus por
todas as inspirações e conquistas que
obtive.

Jackson José da Silva

Apresentação

Esse livro é destinado a pesquisadores, estudantes e demais interessados em obter conhecimentos básicos a respeito de uma das principais funções do profissional de educação física: a prescrição de exercícios físicos. Atualmente, a profissão é dividida em licenciatura e bacharelado, sendo licenciado o profissional que trabalha na área da educação (geralmente em escolas) e bacharel o que atua em outros ambientes (academias, clubes, parques etc.), com o intuito de promover saúde e qualidade de vida, condicionamento físico e melhora do desempenho para os praticantes.

Apesar dos diferentes perfis dos profissionais, a prescrição de exercícios físicos é sem dúvida algo comum a eles, tendo em vista que, embora os objetivos sejam diferentes, os meios usados para atingir esses propósitos são os mesmos, ou seja, os exercícios físicos. Tendo isso em mente, fica claro que todo profissional de educação física necessita compreender as particularidades dos diversos exercícios para resolver distintas tarefas entre diferentes populações e indivíduos. Nesse contexto, podemos nos deparar com o profissional que trabalha tanto com idosos com problemas de saúde que merecem ser considerados no momento de se prescrever o exercício físico quanto com atletas que buscam rendimento máximo. De igual modo, o licenciado, ao lidar com as tarefas da educação física que são mais importantes na infância e na adolescência, precisa, antes de iniciar a aula, planejar as sessões e escolher corretamente os exercícios que serão utilizados. Desse modo, tanto para o bacharel quanto para o licenciado, independentemente da população ou do indivíduo que será acompanhado, é necessário deter todo um conjunto de conhecimentos e informações específicas relevantes na tomada dessas decisões.

Levando em consideração a importância dos conhecimentos necessários para compreender como prescrever racionalmente os exercícios físicos, a fim de estabelecer programas de treinamento eficazes, no Capítulo 1, daremos atenção especial aos conceitos básicos sobre: a prescrição do exercício físico e os problemas típicos decorrentes dessa atividade; a importância da avaliação antes dos programas de treinamento; a diferenciação de noções e conteúdo de treinamento de pessoas que buscam a saúde, o condicionamento físico e o desempenho esportivo.

No Capítulo 2, os estudos tomarão o rumo das ciências biológicas e nele apresentaremos tópicos especiais e de elevada relevância no que concerne à saúde e ao desempenho, tais como questões pertinentes ao processo adaptativo no tecido muscular e respostas cardiovasculares nos exercícios. No Capítulo 3, a discussão estará mais relacionada a conceitos pedagógicos, ou seja, trata-se de uma síntese dos conteúdos do Capítulo 2 em forma de meios, métodos e princípios que norteiam o profissional de educação física, ao elaborar o treinamento e prescrever os exercícios com o intuito de resolver tarefas específicas e atingir objetivos concretos.

Nos Capítulos 4, 5 e 6, discutiremos as demandas de diferentes populações, como as crianças e os adolescentes, os grupos especiais e os atletas de alto rendimento. Nesse sentido, promoveremos algumas reflexões não com o intuito de oferecer ao leitor uma fórmula pronta de prescrição de exercícios para cada grupo, e sim com o propósito de esclarecer as principais necessidades em cada caso e de, com base nos conhecimentos dos princípios, meios e métodos de treinamento, favorecer o emprego da criatividade na resolução dessas complexas tarefas.

Como aproveitar ao máximo este livro

Empregamos nesta obra recursos que visam enriquecer seu aprendizado, facilitar a compreensão dos conteúdos e tornar a leitura mais dinâmica. Conheça a seguir cada uma dessas ferramentas e saiba como elas estão distribuídas no decorrer deste livro para bem aproveitá-las.

A prescrição de exercício físico por parte do profissional de educação física a alguém é uma tarefa que envolve muita responsabilidade, principalmente tendo em vista que ela pode ser direcionada a diferentes populações com objetivos diversos. É muito importante entender que não se trata simplesmente de "montar um treinamento" para um cliente que o exige, e sim de desenvolver uma atividade que envolve etapas, operações de um processo complexo e conhecimentos diversos a respeito do funcionamento do organismo humano e dos fatores mais relevantes na saúde e na *performance*. Além desses fatores, é essencial conhecer a população com a qual se trabalha e estar apto

Introdução do capítulo

Logo na abertura do capítulo, informamos os temas de estudo e os objetivos de aprendizagem que serão nele abrangidos, fazendo considerações preliminares sobre as temáticas em foco.

terceiro perfil de praticantes de exercícios físicos e até mesmo de modalidades esportivas (mas sem caracterizar o esporte propriamente dito) é composto de pessoas que buscam um estilo de vida saudável.

O sucesso de qualquer programa de treinamento é dependente de inúmeras questões, como vimos neste capítulo, porém conhecer o perfil de quem está sendo treinado é essencial para uma prescrição de exercícios racionais e realmente condizentes com os interesses da pessoa.

Síntese

Neste capítulo, vimos que prescrever exercícios físicos é uma tarefa complexa que exige do profissional de educação física o domínio dediversos conhecimentos. Para que um programa de exercícios físicos seja direcionado a uma pessoa, é necessário inicialmente conhecer em que estado funcional ou nível de preparo ela se encontra, diagnosticar problemas e encontrar soluções para eles e criar estratégias a fim de atingir determinados objetivos. Contudo, conhecer o estado do indivíduo só é possível mediante uma avaliação física minuciosa e específica, tendo em vista que os testes devem ser escolhidos conforme critérios para avaliar as distintas capacidades físicas e aptidões relacionadas tanto à saúde quanto ao desempenho. Por fim, outro ponto determinante na prescrição do treinamento é compreender a população com a qual se trabalha. Atletas de diferentes níveis de qualificação e modalidade esportiva manifestam necessidades diversas, assim como pessoas que buscam a melhora da saúde com o exercício físico também apresentam objetivos e particularidades individuais.

44

Síntese

Ao final de cada capítulo, relacionamos as principais informações nele abordadas a fim de que você avalie as conclusões a que chegou, confirmando-as ou redefinindo-as.

Atividades de autoavaliação

1. Com relação ao conceito de prescrição de exercício físico, analise as seguintes afirmativas:
   I. A prescrição compreende direcionamentos teóricos generalizados que o educador físico indica para atingir determinados objetivos no treinamento de qualquer pessoa.
   II. A prescrição é uma orientação de exercícios para a realização de tarefas concretas de treinamento com base nas necessidades do indivíduo.
   III. A prescrição consiste na montagem de um treinamento voltado para qualquer objetivo, como a hipertrofia ou resistência aeróbia.
   IV. A prescrição é aquilo que o praticante de exercícios faz durante o treinamento.

   Agora, assinale a alternativa que indica as afirmativas corretas:
   a) I e II.
   b) Apenas II.
   c) Apenas III.
   d) I e IV.
   e) I, II e III.
2. Com relação à avaliação física e à relevância dela em uma prescrição de exercício, analise as seguintes afirmativas:
   I. A avaliação é um processo de julgamento a respeito das medidas obtidas em testes específicos. Ela é útil para entender as reais necessidades de um indivíduo em particular por meio de uma série de objetivos e critérios.
   II. A avaliação física é uma forma de selecionar e classificar os indivíduos por meio de testes que se baseiam em medidas.
   III. A principal tarefa da avaliação física é contribuir com a pesquisa científica, visto que a avaliação ajuda o professor a compreender melhor os alunos.

45

Atividades de autoavaliação

Apresentamos estas questões objetivas para que você verifique o grau de assimilação dos conceitos examinados, motivando-se a progredir em seus estudos.

Atividades de aprendizagem

Questões para reflexão

1. Neste capítulo, muitos temas que influenciam a prescrição do exercício foram discutidos. Nesse contexto, com suas palavras, escreva sobre a importância da avaliação física antes de ser feita uma prescrição.
2. Em um ambiente de academia, dentro de uma sala de musculação, você é responsável por elaborar o treinamento dos alunos. Exercendo essa função, você se depara com pessoas que apresentam perfis absolutamente diferentes (homens e mulheres jovens, adolescentes, grupos especiais). Em alguns casos, mesmo diante dessas diferenças, o objetivo pode ser o mesmo, por exemplo, a hipertrofia muscular. Qual é, nesse caso, a importância de conhecer as diferentes populações?

Atividade aplicada: prática

1. Imagine que você trabalha em uma academia e um aluno lhe diz que quer melhorar o rendimento físico ao máximo para poder jogar futebol nos fins de semana. A avaliação física efetuada indicou que esse aluno apresenta hipertensão e risco de doenças coronárias. O que você faria? Justifique sua resposta.

Atividades de aprendizagem

Aqui apresentamos questões que aproximam conhecimentos teóricos e práticos a fim de que você analise criticamente determinado assunto.

Bibliografia comentada

DIAS, S. B. C. D.; SELUIANOV, V. N.; LOPES, L. A. S. **Isoton**: uma nova teoria e metodologia para o fitness. Curitiba: Juruá, 2017.

É um livro que apresenta uma nova metodologia de treinamento voltada tanto para o desempenho quanto para a saúde. Apesar de o método Isoton ser muito conhecido na Rússia (local onde foi criado e fundamentado), é pouco conhecido no Brasil. Por isso, a literatura desse trabalho é de fundamental importância para pessoas que querem trabalhar com a prescrição de exercícios físicos.

KOMI, P. V. **Força e potência no esporte**. 2. ed. Porto Alegre: Artmed, 2006.

Esse livro faz parte de uma coleção lançada por uma comissão especial do Comitê Olímpico Internacional. A obra tem mais de 20 autores renomados internacionalmente e trata dos mais diversos problemas do treinamento de força para diferentes populações. Apesar de não se tratar de um lançamento, o conteúdo ainda é muito atual; além disso, por meio das palavras-chave e dos nomes dos autores, é possível acessar pesquisas recentes nos mecanismos de busca na internet.

POWERS, S. K.; HOWLEY, E. T. **Fisiologia do exercício**: teoria e aplicação ao condicionamento e ao desempenho. 8. ed. Barueri: Manole, 2014.

Esse livro é um dos manuais de fisiologia do exercício mais didáticos do meio acadêmico. Com um texto de linguagem simples e bem ilustrado, os autores conseguem transmitir claramente os conceitos fundamentais da fisiologia que são a base para o treinamento de qualquer pessoa. Além disso, no material são apresentadas discussões interessantes sobre tópicos muito importantes, como exercício físico para populações especiais e

Bibliografia comentada

Nesta seção, comentamos algumas obras de referência para o estudo dos temas examinados ao longo do livro.

Ajan Alen/Shutterstock

Capítulo 1

Conceitos básicos relacionados com a prescrição de exercício físico

A prescrição de exercício físico por parte do profissional de educação física a alguém é uma tarefa que envolve muita responsabilidade, principalmente tendo em vista que ela pode ser direcionada a diferentes populações com objetivos diversos. É muito importante entender que não se trata simplesmente de "montar um treinamento" para um cliente que o exige, e sim de desenvolver uma atividade que envolve etapas, operações de um processo complexo e conhecimentos diversos a respeito do funcionamento do organismo humano e dos fatores mais relevantes na saúde e na *performance*. Além desses fatores, é essencial conhecer a população com a qual se trabalha e estar apto a diagnosticar as demandas dela para que essa prescrição seja eficiente. Para tanto, neste capítulo, discutiremos a relevância do exercício físico para diferentes populações, a importância da avaliação física antes e durante um programa de treinamento, os diferentes conceitos de condicionamento e *performance* atlética, entre outros temas.

1.1 A prescrição de exercício físico e os diversos problemas relacionados

Em dicionários de língua portuguesa, geralmente o verbo *prescrever* significa dar uma ordem ou orientação bem determinada (Priberam, 2020). Assim, a prescrição de exercício físico nada mais é do que o ato do profissional de educação física de elaborar um programa de treinamento com a descrição dos exercícios utilizados e a aplicação de métodos, de forma correspondente às demandas e aos objetivos do indivíduo para o qual a prescrição é designada.

O conceito de prescrição não pode ser confundido com o de recomendação. Comumente as recomendações implicam direcionamentos teóricos mais generalizados, diferentemente do que ocorre com a prescrição, que implica tarefas concretas. Para um melhor entendimento, exemplificaremos com duas situações, uma na qual o professor dá recomendações e outra na qual ele faz uma prescrição.

- **Situação 1** – O aluno de uma academia de musculação pergunta ao professor o que pode ser feito para adquirir massa muscular. O professor responde que esse aluno deve executar, para cada grupamento muscular, exercícios diversos, que devem ter carga mecânica de moderada a elevada e devem ser executados em grandes amplitudes, com um número de repetições nas quais ocorra falha muscular[1] concêntrica em um período entre 20 e 50 segundos. Além disso, o professor sugere que o aluno procure um nutricionista para analisar ou recomendar o consumo de proteínas na dieta.

- **Situação 2** – O aluno de uma academia de musculação pergunta ao professor o que é indicado para a aquisição de massa muscular nos membros inferiores. Então, o professor pede que execute os seguintes exercícios: 1) agachamento; 2) combinação de extensão de joelhos e de quadril no aparelho de *leg press* 45°; 3) *stiff*; 4) flexão de joelhos na mesa flexora; 5) adução do quadril na cadeira adutora; 6) abdução do quadril na cadeira abdutora. Quanto aos exercícios 1, 2, 3 e 4, o aluno é informado de que deve executar 4 séries até ocorrer a falha muscular com carga mecânica (peso) correspondente à falha muscular na casa de 8 a 12 repetições; já nos exercícios 5 e 6, devem ser 3 séries até um ponto próximo à falha com peso que não permita superar as 15 repetições. Em todos os exercícios são necessários 2 minutos de pausa entre as séries e 3 minutos entre cada tipo de exercício.

Na situação 1, podemos observar com total clareza uma recomendação metodológica; por sua vez, na situação 2, trata-se obviamente de uma prescrição propriamente dita.

Apesar da diferenciação dos termos *prescrição* e *recomendação*, o exemplo que vimos como prescrição ainda é muito superficial. Essa afirmação se fundamenta no fato de a prescrição em essência ser muito objetiva e específica para cada caso concreto. Por exemplo, se o aluno da situação 2 tiver déficits de flexibilidade e mobilidade articular, que causam insuficiência passiva

[1] *Falha muscular* é um termo utilizado quando, na execução de algum exercício de musculação, em razão da fadiga causada pelo próprio exercício, não se consegue superar o peso no momento da contração muscular.

em diversos grupos musculares, poderá ocorrer a retroversão pélvica com arqueamento da coluna lombar durante a execução do agachamento e do *stiff*; além disso, no agachamento poderá ainda ocorrer ainda a elevação dos calcanhares, diminuindo o equilíbrio. Sem sombra de dúvida, essa execução poderá acarretar problemas severos ao aluno, como lesões articulares diversas. Paralelamente a isso, se o aluno for hipertenso e sofrer de arteriosclerose, durante a execução de exercícios em cadeia cinética fechada[2] com aumento da pressão da cavidade abdominal, poderão acontecer mudanças bruscas de pressão arterial, aumentando o risco de infarto, além de tonturas e náuseas (Seluianov, 2001; Fleck, 2006; Myers, 2016). Por isso, a prescrição do exercício físico é uma tarefa muito séria e que exige do professor competência profissional, conhecimentos abrangentes e específicos, responsabilidade para com a saúde e integridade do aluno, além da compreensão de particularidades, necessidades e objetivos.

De forma análoga ao que observamos nos exemplos expostos, mas ao mesmo tempo contrária – o que demonstra novamente a complexidade de uma prescrição de exercício físico –, se um atleta de salto triplo fosse a pessoa que necessitasse de um programa de treinamento, outros problemas surgiriam. Nesse caso, é possível que os exercícios e a carga sumária de longos períodos de treinamento fossem de encontro a princípios como saúde e segurança, os quais, contudo, devem ser sempre colocados em primeiro plano pelo professor em uma academia, em vez de se priorizar a busca do praticante por fins estéticos. Podemos notar, pois, que se trata de um cenário que suscita discussões não só de caráter médico-biológico, mas também de cunho filosófico no que se refere à essência do trabalho e do comportamento do profissional.

---

[2] *Cadeia cinética fechada* é o nome dado a exercícios nos quais, durante a execução, o tronco ou os segmentos proximais se movimentam em relação aos segmentos distais (por exemplo, agachamento).

Por tudo isso, torna-se fundamental compreender que nem sempre o objetivo do aluno ou atleta está em conformidade com suas reais necessidades momentâneas. É claro que ele pode e deve ter suas respectivas metas, porém é função do professor convencê-lo sobre a importância das etapas do processo de treinamento e as diversas tarefas a serem resolvidas no decorrer dele para se atingir um propósito concreto. Tendo isso em mente, passam a ganhar destaque a avaliação física, o conhecimento sobre os meios e métodos de treinamento para atingir os objetivos estabelecidos pelo aluno e também, após a avaliação, pelo professor, o conhecimento da atividade exercida pelo aluno ou atleta, entre outros itens.

1.2 Teste, medida e a avaliação física como premissa para a prescrição de exercícios

Como vimos na seção anterior, a prescrição de treinamento não se constitui em uma simples montagem de uma ficha de exercícios que leva em conta recomendações gerais. Nem sempre o treinamento de sucesso para determinada pessoa é necessariamente adequado para outra.

Além das diversas limitações relacionadas à saúde em si, podem existir outras referentes à falta de harmonia nos mais diversos componentes do desenvolvimento do indivíduo. Em outras palavras, é comum encontrarmos sujeitos que apresentam discrepâncias entre as capacidades físicas, por exemplo, com boa força e baixo nível de resistência; com resistência aeróbia nos padrões tidos como normais e mobilidade articular limitada. Também é frequente encontrarmos pessoas com níveis de força muscular com diferença muito significativa entre o lado direito e o esquerdo do corpo, entre as partes superior e inferior ou entre as porções anterior e posterior.

De forma geral, as discrepâncias devem ser corrigidas, porém só é possível observá-las por meio de testes específicos. Comparar informações com um padrão, classificar em níveis e diagnosticar possíveis causas de determinadas insuficiências só são ações possíveis mediante uma avaliação física. Podemos, portanto, conceber esta última como uma premissa essencial para uma prescrição de exercícios bem fundamentada e, por conseguinte, como o caminho para um treinamento eficaz.

1.2.1 Significado e particularidades de testes, medidas e avaliações

Frequentemente, a expressão *medida e avaliação*, em educação física, assume o sentido de mensurar algo e atribuir notas ou conceitos (Priberam, 2020). No entanto, a importância da avaliação física antes da elaboração e prescrição propriamente dita de um programa de treinamento vai além dessa simples e curta definição. Antes de abordarmos as particularidades mais relevantes da avaliação, precisamos deixar claro o entendimento sobre alguns conceitos importantes, tais como teste, medida e avaliação.

Testar consiste em estabelecer procedimentos, técnicas e meios a fim de obter uma informação. Essa informação pode ser uma medida física, como a de estatura de um indivíduo, ou escrita, como o grau de satisfação com as aulas de educação física ou sessões de treinamento. Observe que, no primeiro caso, para verificar a estatura do aluno, será necessário o uso de um instrumento (estadiômetro); já no segundo exemplo, o teste (instrumento) utilizado será um escrito (em papel) (Kirkendall; Gruber; Johnson, 1980; Guedes, 2006).

A medida representa a informação obtida mediante a aplicação do teste, por meio de um valor numérico ou informação escrita. Quanto mais precisa for a medida, maior será o grau de segurança no processo de avaliação. Voltando ao exemplo anterior, a medida de estatura é expressa em centímetros (cm) e pode ter resolução em centímetros ou milímetros, dependendo do grau de precisão demandado. Essa medida sobre a qual o aluno avaliado não pode opinar é chamada *medida objetiva*. Já no caso do teste do grau de satisfação com as aulas de educação física, trata-se da denominada *medida subjetiva*, ou seja, a informação que depende exclusivamente da percepção da pessoa.

Após a fase de medida, de posse das informações necessárias, o professor pode tomar decisões em face das medidas obtidas. Nesse sentido, a avaliação constitui o processo de reflexão sobre as medidas. Para isso, muitas vezes são realizados procedimentos como classificar os indivíduos em grupos, acompanhar o progresso do sujeito, indicar se os objetivos fixados estão ou não sendo atingidos ou analisar se o método de ensino e/ou treinamento é eficaz. De modo geral, a tomada de decisão (avaliação) é estreitamente ligada à abordagem metodológica de ensino adotada pelo professor. Em nosso exemplo inicial, obtida a medida de estatura do aluno, poderíamos nos perguntar se essa estatura é adequada à idade dele e procurar tabelas para fazer a comparação dos resultados. Por fim, é importante destacar que, se a avaliação é um julgamento de mérito e a medida é o valor numérico, então o teste é o instrumento de medida.

De acordo com Kirkendall, Gruber e Johnson (1980), Safrit (1981) e Rodrigues, (2009), o processo de avaliação pode apresentar diversas finalidades, a saber:

- **Determinar o progresso do indivíduo** – É o objetivo mais comum das medidas e avaliação. Medindo-se no começo e no fim do planejamento, é possível comparar a evolução e a mudança de comportamento do indivíduo.
- **Classificar os indivíduos** – Muitas vezes é conveniente distribuir os indivíduos em grupos homogêneos, tendo por base certas características ou habilidades, como o

nível de aptidão física, o nível de aprendizagem, a faixa etária, as condições clínicas, a estrutura corporal (peso e estatura), a capacidade funcional, o sexo e os interesses pessoais. Para executar essa distribuição, empregam-se, evidentemente, as medidas e avaliação.

- **Selecionar os indivíduos** – Os resultados podem ser usados para escolher alguns indivíduos do grupo inteiro, do colégio, da cidade, do estado ou da nação, geralmente para compor seleção local, regional ou nacional.
- **Diagnosticar** – Profissionais de educação física necessitam identificar os pontos fortes e fracos dos sujeitos, para terem um norte durante a definição do programa de atividades das aulas e sessões de treinamento.
- **Motivar** – A própria avaliação pode ser um instrumento de motivação se realizada de modo adequado, por exemplo, quando resulta em adaptação de conteúdo e ações com o intuito de auxiliar o discente na superação de obstáculos. Entretanto, se usada erroneamente, isto é, se servir apenas para atestar dificuldades sem propor significativa intervenção, poderá tornar-se negativa. Os indivíduos podem ser motivados a melhorar a *performance* ou a manter os níveis atuais.
- **Avaliação com fins de pesquisa** – É usada como protocolo de pesquisa por diversos profissionais, com a intenção de melhor conhecer a realidade de determinadas características dos alunos.

É necessário entender que a avaliação sempre é o julgamento dos resultados (expressos em forma de medidas) dos testes a fim de atingir os objetivos citados anteriormente, mas que, antes de avaliar uma medida, é preciso saber escolher qual teste aplicar. Por exemplo, qual é a relevância real de um teste de força máxima dos membros superiores de um atleta que faz corrida de 800 metros? Como um teste de resistência de corrida pode ser útil para um nadador? Qual é a importância de uma avaliação de desempenho para um diabético ou hipertenso?

Como destacamos, a seleção de um teste implica estabelecer finalidades claras e possíveis de serem alcançadas. Desse modo, segundo Norton e Olds (2000), Guedes (2006), Whaley, Brubaker e Otto (2007), os princípios básicos para a seleção de testes implicam considerar as seguintes ações:

- determinar os objetivos do programa de avaliação;
- cuidar para que os testes sejam conduzidos e supervisionados por pessoas treinadas;
- interpretar e repassar os resultados para o indivíduo;
- comparar a evolução do aluno/atleta;
- selecionar testes simples e adequados à faixa etária;
- selecionar testes próximos da situação real de jogo ou da atividade proposta;
- usar testes válidos, fidedignos e objetivos.

1.2.2 Exemplos práticos da importância da avaliação física na prescrição de exercícios

Seguindo o raciocínio construído ao longo da Seção 1.2, podemos mencionar alguns exemplos práticos da realidade do trabalho do profissional de educação física, tanto o bacharel quanto o licenciado.

Primeiramente, podemos citar o profissional que trabalha em academias de ginástica. No contexto da atividade desse profissional, várias populações dividem o mesmo espaço. Sabemos que dentro de uma academia existem jovens que utilizam o treinamento físico com fins estéticos, buscando postura correta, tônus e hipertrofia, além de um expressivo relevo muscular (definição). Por outro lado, também é possível encontrar adultos que buscam não necessariamente grandes benefícios estéticos, mas um corpo saudável com boa aptidão física. Ainda nesse mesmo ambiente, há pessoas que buscam a melhora da qualidade de vida por terem algum tipo de problema, como no caso de idosos que já apresentam perda acentuada de massa muscular e óssea e de indivíduos com síndrome metabólica ou doenças articulares.

Nesse exemplo inicial, podemos entender que diferentes testes devem ser aplicados para compreender as reais necessidades de cada um dos grupos. Os jovens podem usar os testes de aptidão física como parâmetro de comparação ao longo do processo de treinamento, os quais podem envolver exercícios de potência e força máxima para grupos musculares específicos a fim de avaliar o desempenho. Nesse caso, os testes e medidas antropométricas coletados são analisados com vistas a fazer ajustes no treinamento para potencializar os ganhos, enquanto as referências de percentual de gordura se relacionam a padrões estéticos que apontam o grau de definição muscular. Em outro contexto, mas de forma paralela, visto que estamos considerando o mesmo espaço, em adultos e idosos o percentual de gordura tem outros valores de referência e indica mais o risco de desenvolvimento de síndrome metabólica e obesidade. Ainda nesse grupo de pessoas, nos testes físicos talvez seja mais interessante avaliar os déficits de mobilidade articular e flexibilidade, os desequilíbrios musculares etc., relacionados às doenças articulares, em vez de verificar o desempenho de força máxima, por exemplo.

Já quando se trata do profissional que está inserido na educação física escolar, a avaliação da aptidão pode identificar se a criança/adolescente tem níveis de motricidade ou desenvolvimento motor adequados à faixa etária. Também é possível verificar, por meio de diversos testes pedagógicos, se há certa predisposição genética para determinado esporte – seleção e orientação esportiva (Gallahue; Ozmun, 2005; Platonov, 2013). Testes como salto horizontal, sentar e alcançar, corrida de 12 minutos e corrida de velocidade podem identificar "talento" esportivo. Paralelamente, o teste de coordenação corporal para crianças, conhecido como KTK – *Körperkoordinationstest Für Kinder* (Kiphard; Schilling, 1974, citados por Ribeiro et al., 2012), ou outro análogo e até mesmo a avaliação subjetiva do professor pelo desempenho nas atividades podem atestar o nível e a necessidade de se trabalhar a coordenação motora. Os testes e as avaliações antropométricas podem servir para acompanhar as mudanças na estatura, que se altera rapidamente, e na composição corporal, que demonstra desenvolvimento normal ou anormal da criança.

Por sua vez, no esporte, o treinador, como veremos de modo mais aprofundado no Capítulo 6, necessita de ferramentas mais exatas para avaliar o desempenho do atleta e de acesso a um arsenal de informações a respeito do modelo morfofuncional, físico e da atividade competitiva dos melhores atletas. Aqui ganham destaque os equipamentos científicos, os resultados nas competições preparatórias e outras formas de coletar, analisar e comparar dados. Somente assim o treinador encontrará o caminho mais adequado para aumentar o desempenho do atleta, tarefa essa que é ainda mais complexa do que a dos grupos anteriormente mencionados.

Em síntese, um programa de treinamento sempre deve ser delineado com base na avaliação do indivíduo. As pessoas que participam desses programas podem ser classificadas, como afirmamos antes, em diferentes populações, ou seja, distintos grupos com demandas e particularidades específicas, tais como: atletas profissionais e amadores que buscam considerável desempenho nos esportes; pessoas que procuram, por meio de programas de exercício e condicionamento físico, um estilo de vida saudável para melhorar a qualidade de vida; pessoas que apresentam diversos problemas de saúde associados a maus hábitos, como obesidade e hipertensão; e pessoas idosas que treinam para diminuir os efeitos do envelhecimento, que se manifestam em doenças como osteopenia e osteoporose, sarcopenia e outras, como doenças articulares.

Mesmo com o entendimento das características desses diversos grupos, a avaliação segue indispensável, pois pessoas que integram a mesma população e até com igual faixa etária têm diferentes necessidades. Por exemplo, é comum que idosos exatamente da mesma faixa etária, ainda que tenham estilos de vida parecidos, em virtude de questões de ordem genética, apresentem distintos problemas de saúde, os quais merecem diferentes abordagens de intervenção do profissional de educação física. Por outro lado, também é frequente que atletas de alto rendimento do mesmo nível de qualificação apresentem diferentes combinações de parâmetros de capacidades físicas e técnicas. No futebol, por exemplo, existem jogadores que atuam na mesma posição e têm níveis de rendimento comparáveis, porém uns têm mais força e potência, alguns mais resistência, outros maior coordenação e flexibilidade e outros, ainda, não se destacam em nenhum parâmetro para conseguirem ter um bom equilíbrio entre suas qualidades. Encontrar nesses atletas o que pode ser refinado só é possível, portanto, mediante o uso de um conjunto de testes extremamente específicos e com uma avaliação racional. Sem essa avaliação, é impossível identificar como o atleta pode melhorar seu rendimento. Assim, uma prescrição de exercício físico sem uma avaliação prévia é absolutamente abstrata, irracional e ineficiente.

1.3 Principais diferenças entre atividade física e exercício físico

Na atualidade, é muito disseminada a importância de ter um estilo de vida fisicamente ativo para conquistar boa saúde. Contudo, muitas vezes, apesar de se adotar tal estilo, surgem inúmeros problemas com certa complexidade, pois saúde e atividade física são conceitos que se relacionam entre si, mas não são sinônimos.

Provavelmente, quase todas as pessoas conhecem alguém que relata que a atividade física ou o exercício físico lhe acarretou algum dano à saúde. O mais comum é vermos atletas e ex-atletas com consequências negativas da prática esportiva, mas também não é incomum termos notícias de sujeitos que adquiriram problemas/doenças decorrentes do trabalho diário ou de qualquer outro tipo de atividade que exija certo esforço muscular. De imediato, podemos nos questionar: Como algo que faz bem pode fazer mal? A resposta a essa pergunta pode estar na compreensão da diferença entre exercício físico e atividade física, com a consideração dos critérios que caracterizam uma atividade física qualquer como exercício físico. Essa reflexão é imprescindível, principalmente quando buscamos entender que a prática de atividade física tem alguma relação com a saúde, mas são, na verdade, os exercícios físicos os responsáveis por resolver as tarefas de qualquer programa de treinamento.

É possível encontrar na literatura diversas definições para os termos *atividade física* e *exercício físico*. Quando se fala em **atividade física**, geralmente se entende que ela se constitui em qualquer tipo de atividade que exija algum esforço muscular, gere movimento e gasto energético acima do nível basal. Qualquer sujeito que execute tarefas como uma caminhada na rua ou a subida de um lance de escadas para chegar ao trabalho está realizando uma atividade física. Outras atividades também equivalem a isso, como andar de bicicleta, arrumar a casa e realizar trabalho braçal. Em outras palavras, tudo aquilo que gere demanda energética por meio de ativação de músculos é classificado como atividade física (Freire et al., 2014).

Em razão de uma série de recursos que facilitam a vida do ser humano, na atualidade, as pessoas estão gradualmente se tornando mais sedentárias, isto é, sua demanda energética semanal com qualquer tipo de atividade física é muito pequena. A escolha pelo elevador em vez das escadas, do carro em vez da bicicleta ou do deslocamento a pé para pequenos percursos e o uso de aplicativos em vez de uma ida ao banco ou às compras são alguns exemplos de fatores que contribuem muito para a consolidação dessa condição, conhecida como *sedentarismo*. O indivíduo sedentário é aquele que não pratica atividades físicas regulares ou que até pratica, porém estas não promovem demandas energéticas significativamente maiores que o repouso. Essa ausência de esforços musculares tem sido associada a diversos problemas metabólicos (Gualano; Tinucci, 2011; Ravagnani et al., 2013).

É compreensível que hoje, principalmente nas grandes cidades, o tempo livre na vida das pessoas seja algo escasso. Nem sempre se consegue encontrar espaço para se dedicar a um programa de exercícios físicos em uma academia, em especial considerando-se aspectos como distância, trânsito e também prioridades subjetivas. Entretanto, uma vez que o sedentarismo está fortemente vinculado a problemas metabólicos, as pessoas devem criar estratégias para fugir dele, seja evitando as facilidades de deslocamento, seja reservando tempo para se dedicar a um programa de exercícios. Obviamente que a prática de qualquer atividade física é benéfica, no entanto, vale ressaltar, esta segunda opção é a mais adequada.

Sabe-se que pessoas mais ativas, como destacam Powers e Howley (2014), em média apresentam indicadores de saúde expressivamente melhores. Todavia, como já apontamos antes, ser ativo nem sempre equivale a ser saudável, porquanto certas pessoas adquirem problemas em decorrência de atividades no trabalho ou até no lazer, tais como: lesões por esforço repetitivo ou problemas articulares, motivados por esforços excessivos em posições biomecanicamente inadequadas; corridas e caminhadas com técnica de execução influenciada de maneira negativa pelo estado do aparelho locomotor (nível de flexibilidade ruim, desequilíbrios musculares etc.). Assim, fica claro que a atividade física pode, em muitos casos, ajudar na saúde das pessoas, mas nem sempre. Tendo em vista os exemplos citados neste parágrafo, passa a ganhar destaque e relevância o conceito de **exercício físico**.

Nos cursos de Educação Física, é bem difundida a ideia de que o exercício físico nada mais é do que uma atividade física regulamentada. De certa forma, tal noção é correta, no entanto levanta perguntas típicas de alunos e profissionais de educação física mais questionadores: Essa atividade física regulamentada é baseada em quê? Quais são os critérios que supostamente a regulamentam para se converter em exercício? Se uma pessoa estabeleceu que vai caminhar por 40 minutos na velocidade de 5 km/h, executará um exercício físico ou uma atividade física? A seguir, apresentaremos alguns argumentos para responder a essas questões.

Segundo Makcimenko (2009), o exercício físico é usado para resolver as diversas tarefas da educação física. É bem disseminado o ponto de vista de que ele é um potente estimulador das esferas psíquicas e fisiológicas do ser humano. Esse estímulo é a premissa básica para promover mudanças diversas no organismo. Contudo, deve estar em conformidade com as leis naturais e os princípios que norteiam a educação física.

No que se refere ao exercício físico, é importante que em sua execução seja possível atingir, no organismo do ser humano, mudanças psicofisiológicas ótimas que favoreçam o desenvolvimento das capacidades físicas, possibilitem a formação de habilidades motoras e promovam efeito benéfico à saúde. Além disso, ao intervir na execução dos exercícios, o professor de educação física precisa criar condições oportunas para resolver as tarefas do treinamento. Por exemplo, para melhorar a resistência de um atleta, é necessário gerar certo grau de fadiga; já quando se trata de velocidade de deslocamento, a fadiga deixa de ser um elemento favorável. Do mesmo modo, ao se buscar o desenvolvimento da força muscular, são executados exercícios com pesos que causem estresse muscular, porém não basta apenas manipular as variáveis peso, tempo de execução e tempo de pausa. Quer dizer, deve-se levar em conta também a técnica correta de execução do exercício, visto que uma técnica errônea pode ocasionar lesões e, consequentemente, malefícios à saúde.

Portanto, no contexto da educação física, podemos conceber como exercício físico qualquer ação motora. Entretanto, paralelamente a isso, é fundamental saber com qual intensidade e por quanto tempo essa ação deve ser executada, o período adequado de pausa/recuperação e descanso, o número de repetições, o modo de execução (do ponto de vista técnico), o estado emocional/motivacional durante a execução etc. Tudo isso com o intuito de manipular a execução de determinada ação motora, de modo que se criem condições psicofisiológicas adequadas para o aperfeiçoamento das qualidades e habilidades físicas. Nesse contexto, fica evidente a diferença entre exercício físico e atividade física, visto que em atividades físicas intensas, como a de trabalhadores rurais, por exemplo, não se consegue manipular as variáveis de intensidade e tempo, assim como o repouso entre as sessões de exercício em razão da demanda de trabalho exigida na profissão.

Com base no exposto, podemos entender o exercício físico como meio e também como método de educação física. Na condição de meio, o exercício físico pode ser concebido como qualquer ação motora executada de forma consciente pelo ser humano, respeitando-se as leis e os princípios da educação física com o objetivo de alcançar efeitos positivos. Já como método de educação física, o exercício consiste na interação entre o organismo e o meio externo, na qual, em conjunto com a repetição sistemática, se observa determinado efeito de treinamento, que é a base para o aperfeiçoamento físico do ser humano (Makcimenko, 2009).

Graças a todos os avanços nas diversas ciências que estudam o exercício físico, a saúde e o esporte, hoje dispomos de uma vasta gama de exercícios físicos e de diferentes métodos de treinamento. Por meio desses exercícios, é possível resolver as mais diversas tarefas da educação física. Nesse sentido, eles podem focalizar o aperfeiçoamento físico do ser humano com o intuito de melhorar tanto o desempenho quanto a qualidade de vida e a saúde. Por isso, na atualidade, fala-se tanto sobre saúde, aptidão física, condicionamento e *performance*.

1.4 *Performance*, condicionamento físico e aptidão física

Se o exercício físico é o meio pelo qual se resolvem as tarefas do treinamento, ou seja, é a variável a ser manipulada em uma prescrição, precisamos compreender que a prescrição deve ser direcionada a alguém específico. Quer dizer, se considerarmos os resultados das avaliações e, por meio disso, identificarmos com quem estamos trabalhando, podemos orientar os exercícios tanto para aptidão quanto para condicionamento e desempenho físicos. Por isso, também é essencial assimilar esses últimos conceitos.

1.4.1 *Performance*

O dicionário Priberam (2020) define *performance* como atuação de desempenho de um desportista, ou seja, *performance* é sinônimo de *rendimento esportivo*. Para Leite (1985), a *performance* no esporte é a soma de fatores como constituição física, propriedades e particularidades de mecanismos metabólicos, influências psicossociais e ambientais, habilidades técnicas e ainda táticas específicas para determinado esporte. De forma geral, a *performance* é a materialização daquilo que o nível de preparo do atleta é capaz de produzir. O preparo de um atleta, por sua vez, segundo Matveev (2010), depende da harmonia dos componentes, isto é, a integração do preparo físico, técnico, tático e psicológico.

Não é novidade alguma o fato de que cada um dos componentes do preparo de um atleta apresenta vários níveis e subníveis que influenciam a *performance* como um todo. Por exemplo, quando se fala em preparo físico, geralmente surge o pensamento de que ele é o resultado da integração das capacidades físicas, tais como força, velocidade, resistência, coordenação e flexibilidade. Porém, é importante perceber que cada uma dessas capacidades apresenta diversas manifestações nem sempre dependentes umas das outras. Quando se trata de velocidade, é possível considerar elementos como a rapidez de reação simples e complexa, a velocidade de movimentos isolados, a velocidade de mudança de direção, bem como a aceleração e a desaceleração. Ao analisarmos o componente *resistência*, além de levarmos em conta todas as diversas subdivisões dele (geral, especial, aeróbia, anaeróbia, psicológica, física, de treinamento, competitiva, local, regional, global etc.), ainda podemos discutir os diversos níveis morfológicos e funcionais que a determinam, como o consumo máximo de oxigênio ($VO_{2\,max}$)[3] e o limiar anaeróbio, o volume sistólico e o débito cardíaco[4], a vascularização e a quantidade de hemácias no sangue. Já quando observamos o componente *preparo tático*, podemos citar o conhecimento tático, o modelo de jogo, o pensamento tático, a tática individual, a tática grupal de linha, a tática coletiva em equipe, entre outros aspectos (Sakharova, 2005a; Pivetti, 2012).

Em suma, a *performance* sempre será o produto da realização do potencial de um atleta, e esse potencial dependerá da integração dos componentes do preparo e de todos os fatores que influenciam cada um desses componentes.

[3] O conceito de $VO_{2\,max}$ será discutido no Capítulo 2.

[4] Débito cardíaco é a quantidade de sangue ejetada do coração para o sistema circulatório por minuto. Assim como o $VO_{2\,max}$, também será abordado no Capítulo 2.

1.4.2 Condicionamento físico e aptidão física

O condicionamento físico pode ser entendido não só como o conjunto de fatores e de características físicas que interferem diretamente na *performance* (Weineck, 2003), mas também como o processo pelo qual o indivíduo torna o próprio corpo apto a desenvolver uma atividade. De certa forma, o condicionamento físico pode ser dependente do nível de aptidão física e/ou, em alguns casos, ser tratado até como sinônimo dela.

Segundo o dicionário Priberam (2020), *aptidão* é um substantivo feminino que nomeia a capacidade daquele que está apto, ou seja, daquele que tem habilidade de realizar uma tarefa de forma correta. No contexto da educação física, o termo é entendido como o estado dinâmico de energia e vitalidade que permite executar as tarefas do cotidiano e das atividades de lazer, enfrentar emergências sem fadiga excessiva, além de evitar o aparecimento das funções hipocinéticas, enquanto estiver funcionando no pico da capacidade intelectual. Dessa forma, a aptidão física pode ser conceituada como a capacidade de lidar com diversas demandas físicas ou de realizar esforços físicos sem fadiga demasiada, garantindo, dessa forma, a sobrevivência em boas condições orgânicas no meio ambiente (Guedes, 1996).

Na atualidade, podemos afirmar que é inegável a relação positiva existente entre a prática de exercícios físicos e a saúde, a aptidão, a *performance* e o condicionamento, ou seja, tal prática influencia todos esses quatro elementos. O estilo de vida e os hábitos adquiridos na infância e na juventude, durante a idade escolar, e mantidos posteriormente – como a prática de atividade física e a manutenção de bons padrões de aptidão – são fundamentais para que o adulto e o idoso mantenham a saúde e maior qualidade de vida.

Os componentes da aptidão física podem ser direcionados para a saúde ou para as habilidades desportivas ou desempenho. No primeiro caso, são valorizadas variáveis fisiológicas, tais como potência aeróbica máxima, força, flexibilidade e componentes da composição corporal; já no segundo caso, componentes que refletem diretamente no desempenho, como agilidade, equilíbrio, coordenação motora, potência e velocidade.

A aptidão física relacionada à saúde refere-se às características que proporcionam menor risco para o desenvolvimento de doenças crônicas e degenerativas, com maior disposição para atividades cotidianas de trabalho ou lazer. Os principais componentes são a aptidão cardiorrespiratória, a força e a resistência muscular, a flexibilidade e a composição corporal (acúmulo e distribuição de gordura). Já aptidão física relativa à *performance* motora contempla os componentes que viabilizam um desempenho máximo na realização de uma tarefa física (motora), como ocorre nos treinamentos e competições esportivas (Bouchard et al., 1990; Guedes, 2007).

Ao abordarmos tanto o condicionamento quanto a performance, é importante entendermos que o sucesso de qualquer programa de treinamento depende daquelas inúmeras variáveis, que devem ser consideradas pelo professor/treinador antes da prescrição dos exercícios. Geralmente, essas variáveis têm a ver com o aprendizado da ação motora empregada como exercício físico e a formação de habilidades motoras, a eficiência biomecânica da técnica utilizada e as particularidades de funcionamento do sistema nervoso no controle do movimento, além da compreensão por parte do treinador de diversos mecanismos de natureza biológica que são aplicados no treinamento do indivíduo. Entre esses mecanismos, podemos elencar: particularidades morfológicas e funcionais das fibras musculares mais exigidas nos diferentes tipos de atividade muscular; compreensão da teoria dos limiares aeróbio e anaeróbio; particularidades morfológicas e funcionais do sistema cardiovascular e respiratório na execução de determinado exercício; funcionamento do sistema endócrino e mecanismos de ação de diversos hormônios;

mecanismos determinantes no desempenho máximo das capacidades físicas, como força, velocidade, resistência, coordenação e flexibilidade; fatores ambientais, como altitude e pressão atmosférica, influência do calor e também do frio no desempenho; fatores somáticos, como idade, sexo, composição e dimensão corporais e somatótipo; questões de natureza social, como relação com a família e estabilidade financeira (Myakinchenko; Seluianov, 2009; Stoliarov; Peredelisky; Bashaieva, 2015).

1.5 Esporte e estilo de vida saudável

Ao longo deste capítulo, tratamos de assuntos que evidenciaram que, quando se busca elaborar um programa de treinamento, é preciso responder a algumas perguntas, tais como "para quê?" e "para quem?". O "para quê?" ajuda o professor/treinador a entender o que deve compor a prescrição, ou seja, qual é o conteúdo propriamente dito do treinamento. Nesse contexto, o objetivo relatado pelo aluno/atleta, somado às metas estabelecidas pelo professor/treinador, contribui para que a prescrição seja específica. Já o "para quem?" delineia um limite muito interessante, fruto de uma reflexão de natureza filosófica que deve ser empreendida pelo professor/treinador. Por exemplo, seria adequado o professor recomendar a um indivíduo que joga futebol nos finais de semana e quer melhorar o rendimento físico ações como treinar de 16 a 24 horas por semana, utilizar método de choque (saltos reativos[5] a partir de plintos), fazer exercícios de força máxima (2 a 3 repetições com 90 a 95% da força de contração máxima), corridas de supravelocidade em declive e corridas extremamente fatigantes acima do limiar anaeróbio para o desenvolvimento da

[5] Salto reativo é o salto com rápida transição da fase excêntrica para a concêntrica, em que, após a queda do salto anterior (durante a aterrissagem), a energia cinética do movimento deforma as estruturas do aparelho locomotor, causando acúmulo de energia elástica com posterior liberação dela e potencializando a fase concêntrica.

resistência, apenas para melhorar o rendimento físico do referido indivíduo ao máximo? Seria interessante para uma criança que quer emagrecer a recomendação de combinações de exercícios contínuos e intervalados de alta intensidade somados a indicações (por parte de um nutricionista) de dietas extremamente severas e hipocalóricas?

Responder a essas questões às vezes é uma árdua tarefa e as opiniões a respeito são diversas. É obvio que na literatura é possível encontrar soluções e métodos para o desenvolvimento máximo das capacidades físicas, no entanto, no caso de um indivíduo que gosta de jogar futebol nos finais de semana e que provavelmente tem outras atividades profissionais, seria racional colocar o desempenho físico à frente de tudo e esquecer outros aspectos da vida dessa pessoa? Quais seriam as consequências da fadiga extrema, além do aumento considerável do risco de lesão, causada por tal treinamento para um indivíduo que tem tantas outras responsabilidades?

É comum nos depararmos com profissionais "robotizados", que apenas reproduzem o que o aluno deseja, mesmo cientes de uma série de riscos evitáveis. Na maioria das vezes, o profissional atribui a responsabilidade ao aluno, tendo em vista que o aluno é responsável por si; porém, aqui surgem novos questionamentos: Será mesmo que o aluno tem consciência dos riscos? Se a educação física visa ao desenvolvimento dos seres humanos não só com valores físicos, mas também morais, seria lógico/ético priorizar o princípio da vitória a qualquer custo ou o princípio do corpo esteticamente perfeito (imposto pela mídia) a qualquer custo? Considerando o exposto, vamos agora distinguir os conceitos de esporte e estilo de vida saudável e correlacioná-los com as noções de preparação e prática de exercícios.

Em seu sentido mais amplo, o esporte pode ser entendido como atividade competitiva, processo de preparação para atingir resultados, relações interpessoais específicas e normas comportamentais que surgem na base dessa atividade (Matveev, 2010). Com base nesse conceito, de acordo com Matveev (2010), podemos entender que a atividade competitiva é o conjunto de ações do atleta no decorrer da competição, unidas pelo objetivo competitivo e pela lógica (sequência natural) de realização dessas ações. Em outras palavras, a atividade competitiva é aquilo que compõe a prática de um esporte. Por exemplo, na prova de salto em distância no atletismo, a atividade competitiva é constituída por quatro ações: 1) corrida de aproximação; 2) repulsão na tábua; 3) fase aérea do salto; e 4) aterrissagem. No caso do futebol, podemos considerá-lo composto pelos fundamentos (passes, chutes, cabeceios, dribles, fintas etc.) integrados em ações de ataque, defesa e transição.

O processo de preparação para atingir resultados envolve tudo aquilo que o atleta faz tanto dentro quanto fora do treinamento e das competições. Por exemplo, o treinamento diário com diferentes objetivos faz parte do processo de preparação, assim como a dieta do atleta, a quantidade de descanso, a qualidade do sono e as medidas de recuperação, como a massagem. Também fazem parte da preparação a prática competitiva e tudo aquilo que está fora dela, mas a influencia, como a concentração dos jogadores antes de um jogo.

As relações interpessoais específicas e as normas comportamentais estão relacionadas ao cumprimento de regras, à interação entre os participantes diretamente envolvidos (atletas, treinadores, árbitros etc.), ao cumprimento de normas éticas, como o respeito ao adversário e à torcida, e também à disputa justa, honesta e em condições iguais.

Assim, o esporte, segundo Makcimenko (2009), é a forma de educação física que melhor viabiliza a essência da cultura física – o aperfeiçoamento e o desenvolvimento do ser humano. Nesse contexto, Fiskalov (2010) define o atleta como a pessoa que regularmente se dedica ao aperfeiçoamento de suas possibilidades em uma modalidade esportiva, disciplina ou prova.

Apesar de os conceitos de esporte apresentados parecerem ser muito claros (diferenciando-se a atividade esportiva de outras formas de atividade), na prática o fenômeno cultural denominado *esporte*, conforme Matveev (2010), pode assumir duas direções (sem que sejam alteradas sua essência e sua finalidade):1) esporte de massa ou ordinário (amador); e 2) esporte de alto rendimento.

O esporte de massa ou ordinário (amador) é caracterizado por um número grande de praticantes com resultados esportivos menos expressivos quando comparados aos do esporte de alto rendimento. Nesse caso, a atividade esportiva não exerce papel principal na vida do atleta e é restringida por outras atividades dominantes. O tempo dedicado ao esporte é menor e o resultado desportivo, por conseguinte, é limitado, mas isso não quer dizer que o atleta, no aspecto pessoal e prático, não procure aperfeiçoamento e desenvolvimento contínuos. No esporte ordinário, existem diferentes perfis que modificam as sessões de treinamento, como é o caso do esporte escolar, do esporte universitário, do esporte com fins de condicionamento físico para pessoas de mais idade (máster), entre outras formas.

O esporte de alto rendimento abrange uma parcela muito pequena da população. É orientado para o desempenho máximo e, na busca pela superação contínua dos resultados já alcançados, torna-se a atividade dominante da vida do sujeito. O nível dos resultados dessa subdivisão do esporte só pode ser atingido mediante uma preparação plurianual bem organizada e um talento esportivo individual extraordinário.

Tanto no esporte amador quanto no de alto rendimento, o objetivo pessoal do atleta é sempre o máximo desempenho possível nas competições. A diferença principal entre esses sujeitos, além da atenção ao processo de treinamento, é que os atletas de alto rendimento, em virtude das próprias particularidades genéticas e das cargas de treinamento a longo prazo, geralmente atingem a maestria esportiva.

A maestria esportiva é a habilidade de utilizar efetiva e totalmente o potencial locomotor para o alcance do sucesso em determinada modalidade. Essa habilidade se realiza por meio de um concreto sistema de movimentos e pelo critério de eficiência no conteúdo e na organização determinados pela atividade esportiva e pelas regras da competição (Verkhoshansky, 2013).

Por fim, a realização esportiva é representada de diferentes maneiras, desde os recordes pessoais e de equipe até os níveis nacional e mundial. O resultado esportivo funciona como indicador das possibilidades de realização (rendimento) do atleta ou da equipe. A capacidade de realização nada mais é do que um conjunto de capacidades físicas, habilidades motoras (fundamentos técnicos) e conhecimentos (táticos e outros) que juntos permitem executar a atividade competitiva que é realmente possível para determinado atleta. O resultado esportivo e a realização esportiva se diferenciam pelo simples fato de que a realização não é todo resultado que o atleta alcança nas competições, mas aqueles que superam os anteriormente obtidos. Em outras palavras, como afirmamos anteriormente, o esporte busca o aperfeiçoamento contínuo (Matveev, 2008; Makcimenko, 2009).

Aqui fica clara a diferença entre atletas de alto rendimento e atletas amadores; paralelamente a eles, ainda existe um terceiro perfil, caracterizado por pessoas que até praticam modalidades esportivas, mas o fazem ocasionalmente, em jogos de futebol com amigos nos fins de semana, passeios ciclísticos, corridas, musculação em academia etc. No entanto, essas pessoas não participam de competições esportivas e seu processo de treinamento é ainda mais limitado, uma vez que a prática dos exercícios coloca em primeiro lugar o lazer e a manutenção da saúde. Para ilustrar isso, considere que um indivíduo que joga futebol nos finais de semana dificilmente dedicará um dia somente para treinar chutes a gol por algumas horas, a fim de desenvolver a precisão ao máximo como fazem os atletas tanto amadores quanto profissionais. Esse terceiro perfil de praticantes de exercícios físicos e até mesmo de modalidades esportivas (mas sem caracterizar o esporte propriamente dito) é composto de pessoas que buscam um estilo de vida saudável.

O sucesso de qualquer programa de treinamento é dependente de inúmeras questões, como vimos neste capítulo, porém conhecer o perfil de quem está sendo treinado é essencial para uma prescrição de exercícios racionais e realmente condizentes com os interesses da pessoa.

Síntese

Neste capítulo, vimos que prescrever exercícios físicos é uma tarefa complexa que exige do profissional de educação física o domínio dediversos conhecimentos. Para que um programa de exercícios físicos seja direcionado a uma pessoa, é necessário inicialmente conhecer em que estado funcional ou nível de preparo ela se encontra, diagnosticar problemas e encontrar soluções para eles e criar estratégias a fim de atingir determinados objetivos. Contudo, conhecer o estado do indivíduo só é possível mediante uma avaliação física minuciosa e específica, tendo em vista que os testes devem ser escolhidos conforme critérios para avaliar as distintas capacidades físicas e aptidões relacionadas tanto à saúde quanto ao desempenho. Por fim, outro ponto determinante na prescrição do treinamento é compreender a população com a qual se trabalha. Atletas de diferentes níveis de qualificação e modalidade esportiva manifestam necessidades diversas, assim como pessoas que buscam a melhora da saúde com o exercício físico também apresentam objetivos e particularidades individuais.

Atividades de autoavaliação

1. Com relação ao conceito de prescrição de exercício físico, analise as seguintes afirmativas:
   I. A prescrição compreende direcionamentos teóricos generalizados que o educador físico indica para atingir determinados objetivos no treinamento de qualquer pessoa.
   II. A prescrição é uma orientação de exercícios para a realização de tarefas concretas de treinamento com base nas necessidades do indivíduo.
   III. A prescrição consiste na montagem de um treinamento voltado para qualquer objetivo, como a hipertrofia ou resistência aeróbia.
   IV. A prescrição é aquilo que o praticante de exercícios faz durante o treinamento.

   Agora, assinale a alternativa que indica as afirmativas corretas:
   a) I e II.
   b) Apenas II.
   c) Apenas III.
   d) I e IV.
   e) I, II e III.

2. Com relação à avaliação física e à relevância dela em uma prescrição de exercício, analise as seguintes afirmativas:
   I. A avaliação é um processo de julgamento a respeito das medidas obtidas em testes específicos. Ela é útil para entender as reais necessidades de um indivíduo em particular por meio de uma série de objetivos e critérios.
   II. A avaliação física é uma forma de selecionar e classificar os indivíduos por meio de testes que se baseiam em medidas.
   III. A principal tarefa da avaliação física é contribuir com a pesquisa científica, visto que a avaliação ajuda o professor a compreender melhor os alunos.

IV. A avaliação representa a informação obtida mediante a aplicação do teste, por meio de valores numéricos ou escritos. O mais importante é que os testes sejam direcionados para populações específicas.
V. A avaliação física é um processo de aquisição de medidas necessário para um treinamento.

Agora, assinale a alternativa que indica as afirmativas corretas:

a) Apenas I.
b) Apenas III.
c) II, III e V.
d) II, IV e V.
e) I, II e IV.

3. Sobre exercício físico e avaliação física, assinale V (verdadeiro) ou F (falso):

( ) Qualquer ação motora que exija demanda calórica pode ser entendida como exercício físico.
( ) Qualquer ação motora regulamentada pelos princípios da educação física pode ser entendida como exercício físico.
( ) O exercício físico é um trabalho muscular utilizado para resolver tarefas concretas com critérios bem estabelecidos, como duração, pausa e intensidade.
( ) Tarefas como caminhar, subir escadas e realizar trabalhos domésticos são bons exemplos de atividade física.
( ) Atividade física é aquilo que é amplamente utilizado por atletas para resolver diferentes tarefas do treinamento.

A sequência correta é:

a) F, V, F, V, F.
b) V, V, V, V, F.
c) F, F, V, V, F.
d) F, V, V, V, F.
e) F, V, V, V, V.

4. Quanto à *performance*, analise as seguintes afirmativas:

   I. A *performance* pode ser entendida como sinônimo de aptidão física.
   II. A *performance* está associada ao rendimento esportivo e é dada pela interação de todos componentes do preparo de um atleta.
   III. A *performance* está associada à saúde e ao desempenho.

   Agora, assinale a alternativa que indica as afirmativas corretas:

   a) I e III.
   b) I e II.
   c) Apenas III.
   d) Todas as afirmativas estão corretas.
   e) Nenhuma das afirmativas está correta.

5. Com relação ao esporte, analise as seguintes afirmativas:

   I. O atleta é a pessoa que pratica uma modalidade esportiva sem necessariamente participar de competições.
   II. A principal diferença entre atletas amadores e de alto rendimento está na maestria esportiva.
   III. O esporte é um fenômeno cultural que apresenta diversos perfis, desde atletas de alto rendimento até pessoas que buscam o lazer em práticas não competitivas.
   IV. O esporte pode ser entendido como atividade competitiva, processo de preparação, de relações interpessoais específicas e normas comportamentais que surgem na base dessa atividade.
   V. Esporte é qualquer tipo de exercício e atividade física.

   Agora, assinale a alternativa que indica as afirmativas corretas:

   a) II e IV.
   b) II, III e IV.
   c) I, II e V.
   d) I, III e IV.
   e) Apenas II.

■ *Atividades de aprendizagem*

Questões para reflexão

1. Neste capítulo, muitos temas que influenciam a prescrição do exercício foram discutidos. Nesse contexto, com suas palavras, escreva sobre a importância da avaliação física antes de ser feita uma prescrição.

2. Em um ambiente de academia, dentro de uma sala de musculação, você é responsável por elaborar o treinamento dos alunos. Exercendo essa função, você se depara com pessoas que apresentam perfis absolutamente diferentes (homens e mulheres jovens, adolescentes, grupos especiais). Em alguns casos, mesmo diante dessas diferenças, o objetivo pode ser o mesmo, por exemplo, a hipertrofia muscular. Qual é, nesse caso, a importância de conhecer as diferentes populações?

Atividade aplicada: prática

1. Imagine que você trabalha em uma academia e um aluno lhe diz que quer melhorar o rendimento físico ao máximo para poder jogar futebol nos fins de semana. A avaliação física efetuada indicou que esse aluno apresenta hipertensão e risco de doenças coronárias. O que você faria? Justifique sua resposta.

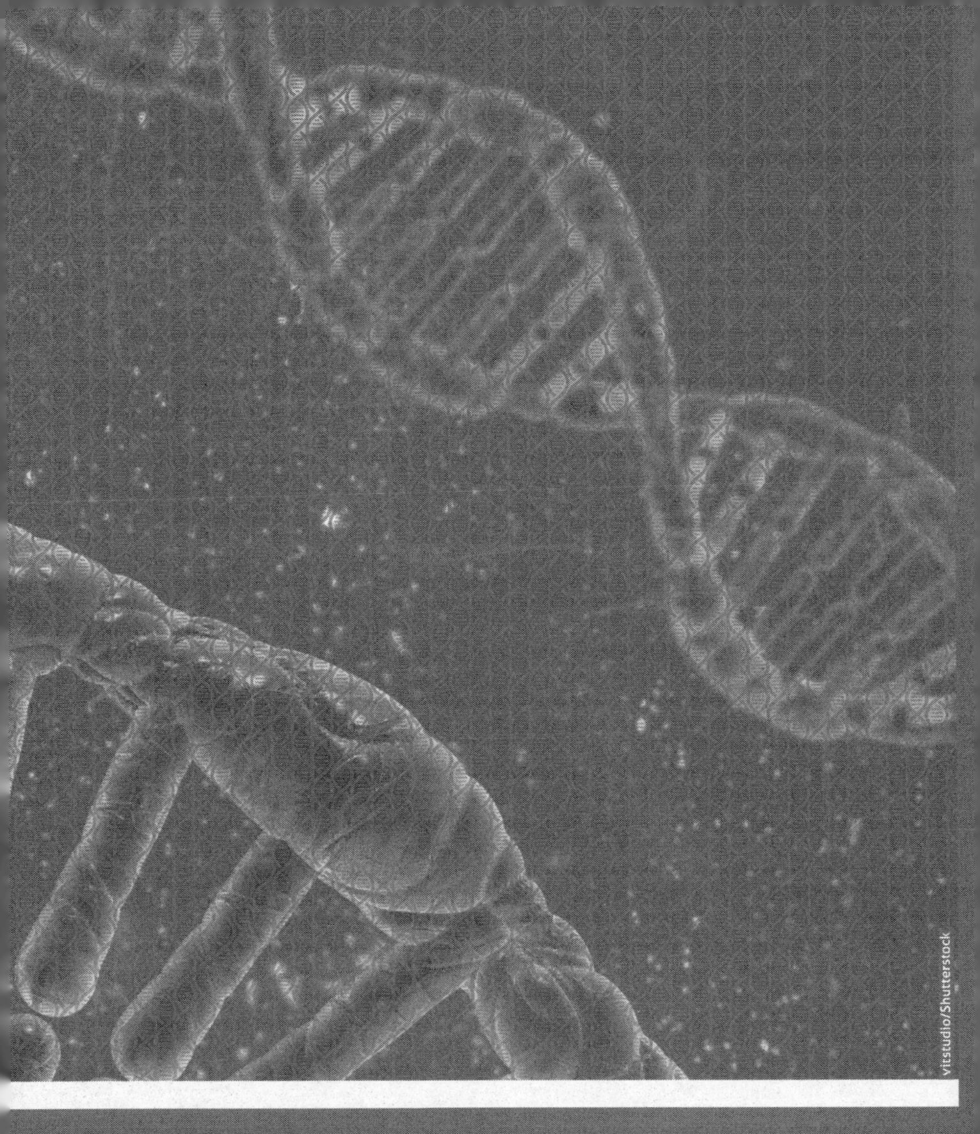
vitstudio/Shutterstock

Capítulo 2

Fundamentos biológicos para a prescrição de exercício físico

A aptidão física voltada tanto para a saúde quanto para o desempenho e a *performance* esportiva compreende, em grande medida, um conjunto de combinações otimizadas do funcionamento de determinados órgãos, tecidos e sistemas do organismo humano. Quando o profissional de educação física prescreve exercícios para as mais diversas populações com diferentes objetivos, devem ser considerados os conhecimentos sobre o funcionamento do corpo durante o exercício, assim como os mecanismos de adaptação e outros fatores fisiológicos de relevância. Somente assim é possível prescrever exercícios que atendam a certas demandas e resolvam tarefas específicas. Ao longo deste capítulo, discutiremos algumas questões pertinentes à biologia, à bioquímica e à fisiologia do exercício que servem como base para a elaboração de um programa de treinamento que promova adaptações e ajustes em diferentes sistemas do organismo diretamente relacionados com o desempenho físico e com a saúde.

2.1 Biologia celular e mecanismos moleculares relevantes para o exercício físico

A célula é a unidade estrutural que compõe todos os órgãos, tecidos e, consequentemente, sistemas fisiológico-funcionais do ser humano. De modo geral, as propriedades de cada órgão são determinadas pelas particularidades das células; por exemplo, o músculo esquelético é composto por uma organela especial chamada *miofibrila*, que é responsável pela função contrátil, e isso de certa forma diferencia o tecido muscular de outros órgãos e tecidos. À semelhança desse caso, o músculo cardíaco, quando comparado ao músculo esquelético, é muito mais resistente, tendo em vista que o primeiro apresenta uma densidade mitocondrial muito superior. Levando isso em consideração, antes de examinarmos a fisiologia propriamente dita – ciência que trata do funcionamento dos tecidos, órgãos e sistemas –, precisamos abordar conteúdos básicos a respeito das funções celulares e das particularidades das organelas, assim como conceitos bioquímicos na área da bioenergética (Akhmetov, 2009; Myakinchenko; Seluianov, 2009; Alberts et al., 2010).

No contexto da educação física, os conhecimentos no campo da biologia celular e molecular que podem ser destacados são os conceitos referentes a algumas organelas e a estruturas em específico, como as descritas a seguir, segundo Seluianov, Sarsania e Zaborova (2012):

- **Membrana plasmática** – Camada lipídica que reveste a célula, separando o meio intracelular do meio extracelular. A membrana celular apresenta canais especiais e proteínas transportadoras que facilitam o transporte de substâncias de fora para dentro da célula e vice-versa. Nas células musculares, a membrana plasmática é denominada *sarcolema*.
- **Citoplasma** (sarcoplasma, no caso de células musculares) – Porção aquosa existente entre o núcleo e a membrana celular; é no citoplasma que se encontram as diversas organelas celulares, proteínas/enzimas e substratos energéticos.
- **Núcleo** – Local onde é armazenada toda a informação genética do corpo humano em forma de ácido desoxirribonucleico (DNA), que é compactado em forma de cromatina. O núcleo apresenta uma membrana (conhecida como *carioteca*) com pequenos poros, os quais existem para facilitar e controlar os processos de expressão gênica.
- **Ribossomo** – Organela responsável pela síntese de proteínas. Geralmente, o ribossomo tem a função de "traduzir" os códigos do ácido ribonucleico mensageiro (RNAm). Esse código dá a sequência dos aminoácidos para que determinada proteína seja sintetizada.
- **Retículo endoplasmático** (retículo sarcoplasmático nas células musculares) – As funções principais do retículo sarcoplasmático (RS) são armazenar, liberar e remover o cálcio nos processos de contração e de relaxamento muscular. Próximo ao retículo sarcoplasmático é observada a presença de elevada atividade da enzima ATPase[1], pois aqueles processos necessitam de energia para acontecerem.

[1] Enzima que quebra a molécula de ATP (adenosina trifosfato) para liberar energia.

- **Lisossomo** – Organela conhecida como *aparelho digestivo da célula*; assim, os lisossomos são organelas que liberam enzimas capazes de destruir outras estruturas celulares, principalmente quando estas já se encontram danificadas. É importante destacar que os lisossomos têm sua atividade significativamente aumentada quando cresce a concentração de íons de hidrogênio no citoplasma (diminuição do pH).
- **Mitocôndria** – Organela conhecida como *estação energética da célula*, cuja principal função é utilizar gorduras, carboidratos e proteínas para a produção de energia em forma de adenosina trifosfato (ATP). Esse processo é feito por meio da oxidação dos substratos já citados, sendo que, para que isso ocorra, é necessário o consumo de oxigênio por parte da mitocôndria. O produto da atividade mitocondrial é a formação de ATP com liberação de água e dióxido de carbono. A mitocôndria ainda possui DNA próprio.
- **Enzimas** – Moléculas (geralmente de natureza proteica) catalisadoras que regulam a velocidade das reações químicas. Apresentam sulcos característicos (sítios ativos) para determinado substrato e têm a atividade regulada pelas condições de pH (potencial hidrogeniônico) e temperatura.
- **Glóbulos ou gotículas de gordura e glicogênio** – Reservatório energético da célula. Os lipídeos intracelulares são quebrados pela enzima lipase, e o glicogênio é quebrado pela enzima glicogênio fosforilase; ambos os substratos são utilizados para a manutenção da concentração de ATP intracelular.
- **Miofibrila** – Organela especial encontrada no tecido muscular, sendo responsável pela contração da célula. Dentro da miofibrila podem ser observados vários sarcômeros (unidades contráteis), que estão dispostos ao longo do comprimento da miofibrila a cada 1.500-2.300

nanômetros (nm) e podem encurtar-se em 20 a 50% de seu comprimento inicial e alongar-se em aproximadamente 120%. Dentro dos sarcômeros existem várias proteínas, tais como actina, miosina, troponina, titina e nebulina.

O treinamento físico tem o intuito de aumentar a quantidade de determinadas organelas na célula. Por exemplo, sabe-se que, com o treinamento de força, cresce o número de miofibrilas dentro da célula (Eliceev; Kulik; Seluianov, 2014), o que consequentemente aumenta tanto a área de secção transversa (hipertrofia) dessa célula quanto a capacidade de tensão muscular em razão do maior número disponível de pontes cruzadas (Billeter; Hoppeler, 2006; Wilmore; Costil; Kenney, 2013). Já com o treinamento de resistência, cresce significativamente o número de mitocôndrias intermiofibrilares (Vovk, 2007; Mooren; Völker, 2012; Powers; Howley, 2014). Por sua vez, o treinamento de velocidade pode aumentar a quantidade de retículo sarcoplasmático, melhorando o tempo de relaxamento muscular (Verkhoshanski, 2001).

Não é à toa que a expressão *capacidade física* faz referência a um complexo de propriedades morfológicas e psicológicas do ser humano que responde às exigências de qualquer tipo de atividade muscular e que garante a efetividade de execução dessa atividade (Fiskalov, 2010). Tendo isso em vista, podemos afirmar que o desempenho é um reflexo das propriedades musculares, assim como propõe a lei de uso e desuso concebida por Lamark, isto é, a função constrói o órgão. Nesse sentido, o uso do órgão estimulando a própria função provoca mudanças adaptativas que alteram sua morfologia. Por outro lado, hoje podemos dizer também que o órgão constrói a função. Em outras palavras, as mudanças funcionais são uma consequência das mudanças morfológicas, mas as mudanças morfológicas só ocorrem em virtude da exigência das funções.

Sabe-se que todo organismo vivo apresenta uma característica muito dinâmica, e células e proteínas novas surgem enquanto outras são degradadas e morrem. Por exemplo, os eritrócitos têm um tempo de vida de aproximadamente 120 dias; as células endoteliais dos vasos sanguíneos, de 100 a 180 dias; no músculo, aproximadamente 30 dias. Assim, diariamente são sintetizadas novas células e componentes celulares. A direção na qual predominam essas mudanças (para mais, para menos ou apenas de manutenção) depende do balanço das reações anabólicas e catabólicas, que, por sua vez, dependem da natureza dos estímulos provindos do ambiente externo (Seluianov, 2001; Verkhoshanski, 2001).

O estresse ou ausência dele no ambiente é fator determinante no direcionamento das reações anabólicas ou catabólicas. Por exemplo, a exposição à radiação solar faz com que as células da pele aumentem a produção da proteína melanina para que o organismo se torne mais resistente em face desse fator estressor (radiação solar); caso a pessoa não tome sol, a tendência é a diminuição da quantidade de melanina na pele. O mesmo acontece com o treinamento físico; por exemplo, exercícios de resistência podem elevar a densidade mitocondrial no músculo já nos primeiros 10 a 15 dias de treinamento, assim como a permanência do ser humano em regiões montanhosas de elevada altitude pode aumentar a quantidade de eritrócitos sanguíneos mais ou menos no mesmo período. Contudo, com a interrupção do treinamento, a densidade mitocondrial já decresce em apenas 5 dias e, quando o indivíduo retorna das regiões montanhosas para o nível do mar, a quantidade de eritrócitos no sangue volta ao normal após 20 a 30 dias (Merson; Pshnikova, 1988; Vovk, 2007; Platonov, 2015).

Como já mencionamos, o organismo é dinâmico e está em constante mudança. Quando analisamos esse fato em nível celular e molecular, ganha destaque um processo conhecido como *expressão gênica*. Para compreendê-lo, é necessário considerar o núcleo da célula, onde se encontra a informação genética em forma de DNA.

O DNA é uma fita dupla que tem formato helicoidal e 2 metros de comprimento, com aproximadamente 3 bilhões de nucleotídeos e 30 mil genes. Os nucleotídeos são formados por quatro bases nitrogenadas (adenina, guanina, citosina e timina), enquanto os genes são pequenas frações do DNA que apresentam o código de diferentes proteínas. Essa fita de 2 metros se enrola em uma proteína chamada *histona*. As histonas, por sua vez, se agrupam de 8 em 8, formando nucleossomos. Quando a fita de DNA está enrolada nos nucleossomos, observa-se a denominada *cromatina*, ou seja, a cromatina nada mais é do que uma forma de compactação do DNA, conforme explicamos antes. Em algumas regiões da cromatina, os nucleossomos ficam mais agrupados; essas regiões são chamadas *heterocromatina* – compostas por DNA que não pode ser lido. Já as outras regiões nas quais os nucleossomos ficam mais afastados são chamadas *eucromatina* – compostas de DNA que pode ser transcrito, ou seja, ativo (Akhmetov, 2009; Alberts et al., 2010; Junqueira; Carneiro, 2017, 2018).

Para que ocorra a síntese de proteínas e demais estruturas, é necessária a formação do ácido ribonucleico mensageiro (RNAm), em um processo chamado *transcrição*. O RNAm, de forma simplificada, é uma cópia de uma parte do código de determinado gene com uma única diferença: a substituição da base nitrogenada timina por uracila. O RNAm sai do núcleo da célula através dos poros da membrana e em seguida se liga aos ribossomos. No citoplasma existem aminoácidos que estão fixados a RNAs transportadores (RNAt), e cada aminoácido, em seu RNAt, apresenta uma trinca (anticódon) – três bases nitrogenadas. Assim, os aminoácidos vão se ligando de acordo com a sequência de bases nitrogenadas codificadas no RNAm, em um processo chamado *tradução*. Com isso, a proteína forma uma estrutura primária que é a simples ligação dos aminoácidos; posteriormente, ela assume outras formas, até chegar à sua estrutura funcional – terciária e quaternária.

Figura 2.1 Processo de transcrição e tradução do DNA

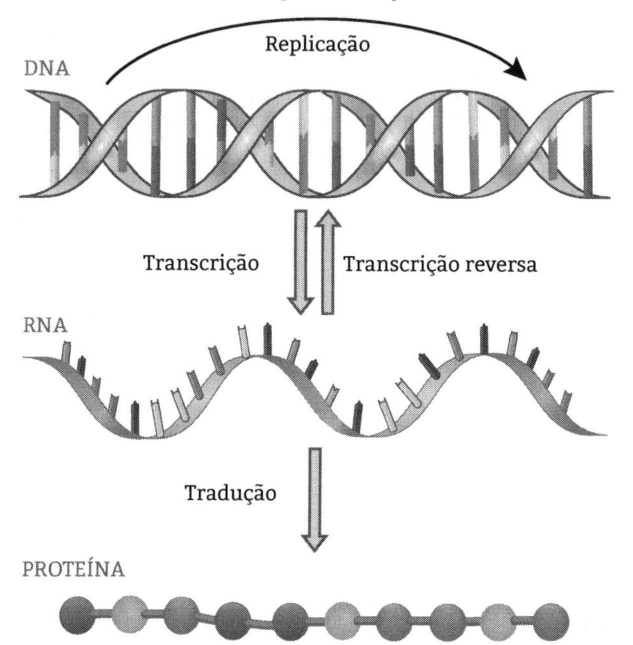

Todo esse processo, desde o início da transcrição até o término da síntese de proteína, é chamado de *expressão gênica*. Assim, quando falamos em exercício físico, precisamos compreender que a expressão de determinados genes, relacionados com proteínas e organelas que têm impacto sobre o desempenho muscular, pode ser controlada pelo tipo de sinalização. Nesse contexto, distintos métodos de exercício físico, que estimulam mais ou menos determinadas funções do organismo, podem ativar diferentes fatores transcricionais. Os fatores transcricionais nada mais são do que fatores de natureza proteica ativados em determinadas condições. Quando um fator é ativado, ocorre uma cascata de eventos que ativa vários outros fatores, os quais formam um complexo proteico que serve como "chave" para a expressão de determinado gene.

O complexo proteico se liga à enzima RNA polimerase, a qual, por sua vez, permite a formação do RNAm mediante a cópia do código daquele gene (Akhmetov, 2009; Alberts et al., 2010).

Figura 2.2 Mecanismo dos fatores transcricionais

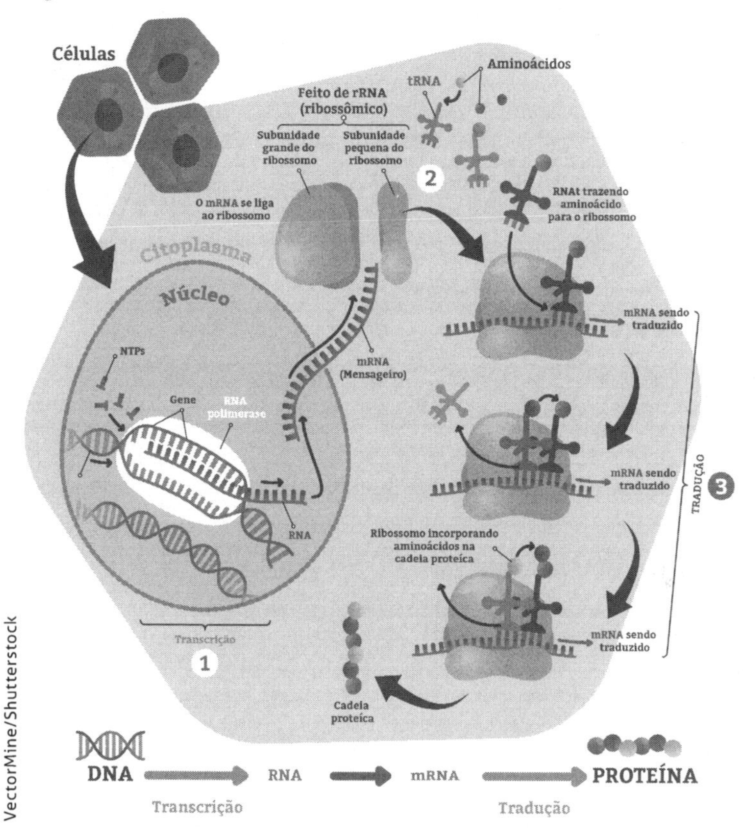

No contexto do exercício físico, existem muitas vias de sinalização para a síntese de proteínas e organelas que influenciam profundamente a capacidade do músculo esquelético. Com as técnicas aperfeiçoadas de estudo da biologia molecular, hoje em dia se sabe que inúmeros fatores controlam a expressão gênica. Segundo Akhmetov (2009), os fatores estressantes que modificam a expressão dos genes no músculo esquelético e influenciam a plasticidade desse tecido são os seguintes: carga mecânica; reconstrução hormonal; ativação neuronal; alterações metabólicas.

Quanto à **carga mecânica** no aparelho neuromuscular, o alongamento da fibra muscular, por meio das integrinas (proteínas que unem a matriz extracelular ao citoesqueleto), dá início a uma cascata de sinalização via JNK-AP1 (JNK é quinase c-jun, e AP1 é a proteína ativadora-1) e mTOR-S6K (mTOR é o alvo de rapamicina nos mamíferos, e S6K é a proteína quinase ribossômica), que leva à ativação de genes no núcleo, tais como genes da "hipertrofia muscular" e enzimas musculares, genes regulatórios e genes que codificam proteínas necessárias para a transformação das fibras musculares, por exemplo, miosina de cadeia pesada e leve.

A **reconstrução hormonal** acontece nos músculos esqueléticos em praticamente qualquer tipo de carga muscular (Akhmetov, 2009), mas particularmente no treinamento de força que causa estresse (Viru; Viru, 2008; Seluianov; Sarsania; Zaborova, 2012). A testosterona, o hormônio do crescimento e o fator de crescimento similar à insulina (IGF1) influenciam o crescimento e o volume do músculo esquelético (por meio de receptores específicos ocorre o início da expressão de uma série de genes), preferencialmente à custa da ativação de células satélites musculares.

Com relação à **ativação neuronal**, a flutuação do cálcio dentro da célula através do potencial de ação leva à ativação das vias de sinalização Ca^{2+}/CaMKII (proteínas quinases 2 dependentes de calmodulina) e CN-NFAT (calcineurina e fator nuclear das células T-ativadas). Em particular, a CaMKII influencia a expressão de genes envolvidos na biogênese mitocondrial e a expressão de proteínas miofibrilares específicas. Ao mesmo tempo, a calcineurina ativa o NFAT, o que leva à translocação deste último no núcleo e dá início à expressão gênica responsável pela contração da fibra muscular (troponina, miosina de cadeia pesada) e pela hipertrofia do músculo esquelético e cardíaco.

As **alterações metabólicas** surgem em resposta a mudanças de balanço energético dos músculos esquelético e miocárdio, pH, temperatura, pressão de oxigênio etc. Papel central na sensibilidade do tecido muscular diante de tais alterações é atribuído aos seguintes elementos: AMPK (AMP quinase ativada); SIRT1 (sirtuína); receptores nucleares ativados por proliferador de peroxíssomas (PPAR); coativadores PPAPy (PPARGC1A e PPARGC1B) e fator indutor de hipóxia (HIF).

Figura 2.3 Esquema da influência de fatores estressores na expressão de alguns genes do aparelho neuromuscular

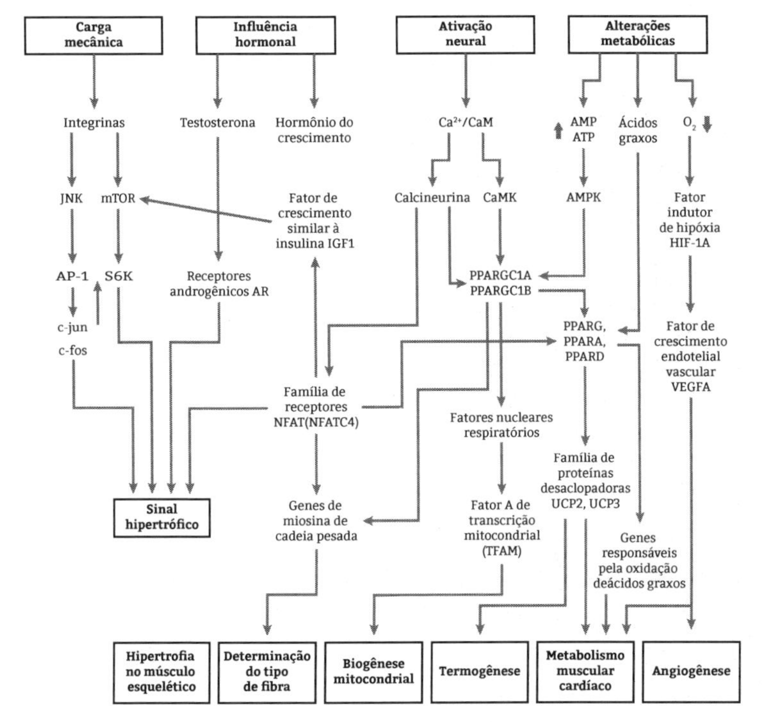

Fonte: Hoppeler; Klossner; Fluck, 2007, p. 249.

Com as informações apresentadas até aqui, podemos compreender que as mudanças funcionais causadas pelo treinamento são resultado de mudanças morfológicas em órgãos e tecidos.

Essas mudanças tratadas como processo adaptativo (mudanças qualitativas estruturais) são condicionadas pela especificidade do programa de treinamento, visto que a natureza do estresse (mecânico, metabólico) e a concentração de determinados hormônios podem influir diretamente no processo denominado *expressão gênica*. Nos próximos capítulos, abordaremos métodos de treinamento que estimulam diversas cascatas de sinalização que promovem adaptações para resolver várias tarefas do treinamento.

2.2 Fisiologia e bioquímica da atividade muscular e suas implicações no desempenho físico

Na seção anterior, descrevemos, de forma resumida, alguns dos mais importantes mecanismos relacionados com o processo adaptativo. Nesta seção, discutiremos alguns conceitos de bioquímica que determinam a efetividade da atividade muscular.

2.2.1 O músculo esquelético e a fibra muscular

Segundo Volkov et al. (2013), o corpo humano tem mais de 600 músculos. Em um adulto jovem saudável, o tecido muscular compõe aproximadamente 40% da massa corpórea; em idosos, 30%; em crianças, 25%; e, em atletas de algumas modalidades esportivas, esse valor pode superar os 55%. Em geral, conforme Powers e Howley (2014), são atribuídas três funções ao músculo esquelético: 1) geração de força para locomoção e respiração; 2) sustentação postural; e 3) produção de calor. No que concerne à geração de força para a locomoção, Dias et al. (2016) ressaltam que o tecido muscular pode ser entendido de quatro formas: 1) como conversor de energia química em energia mecânica; 2) como elemento elástico capaz de acumular e liberar energia;

3) como elemento viscoso capaz de deformar cargas externas; e 4) como transmissor de energia (potência) de outras fontes energéticas.

O músculo esquelético, como o próprio nome indica, está fixado nos ossos por meio dos tendões, os quais são compostos de tecido conjuntivo e são o produto da junção final de cada fáscia que recobre as fibras musculares, os feixes de fibras e também o músculo esquelético. Por meio da contração das fibras musculares, certa tensão é transmitida para o tendão, fato que traciona o osso, gerando movimento. Nesse contexto, vale a pena lembrar que a força produzida para gerar o movimento é a soma da força de cada fibra muscular concreta (Seluianov; Sarsania; Zaborova, 2012). Por isso, é preciso compreender as particularidades contráteis das fibras musculares, assim como os mecanismos de recrutamento delas.

A fibra (célula) muscular é a unidade estrutural do músculo esquelético e, em geral, apresenta as seguintes características (Volkov et al., 2013):

- é envolvida por uma membrana plasmática denominada *sarcolema*, que é coberta por uma rede de fibras de colágeno que dão elasticidade e firmeza;
- é multinucleada;
- seu comprimento varia de 10 cm a 50 cm e pode ter uma largura de 0,1 mm;
- toda a fibra recebe uma terminação nervosa e alguns vasos capilares;
- não é capaz de se dividir, e a correção acontece por meio das células satélites;
- tem organelas especiais denominadas *miofibrilas*.

Além disso, cabe destacar que as fibras musculares podem ser divididas em grupos de acordo com o perfil metabólico e a velocidade de contração. As fibras de contração rápida são aquelas que, no interior de suas miofibrilas, apresentam um tipo de miosina ATPase de cadeia pesada denominada MHCIIb. Essa enzima tem a característica de quebrar o ATP velozmente, permitindo um maior número de ciclos de ponte cruzada por unidade de tempo. Já as fibras lentas apresentam uma ATPase MHCI que não consegue quebrar o ATP tão rapidamente, por isso, em determinadas condições, as fibras rápidas podem se contrair em 50 milissegundos, enquanto as fibras lentas têm velocidade máxima de contração de 110 milissegundos (Volkov et al., 2013; Pereira; Souza Júnior, 2014).

Outra forma de diferenciar as fibras é de acordo com o perfil metabólico; nesse contexto, elas podem ser glicolíticas ou oxidativas. As fibras glicolíticas são altamente fadigáveis, apresentam elevada atividade ATPase e de enzimas do metabolismo da glicólise anaeróbia e são pobres em mitocôndrias, mioglobinas e vasos capilares. As fibras oxidativas, ao contrário, são ricas em mitocôndrias, capilares e mioglobina e, graças a isso, são muito resistentes à fadiga (Powers; Howley, 2014).

Geralmente, as fibras rápidas são glicolíticas, e as fibras lentas são oxidativas, no entanto, ao contrário do que se pensava, isso não é regra. É perfeitamente possível, em caso de atletas treinados, haver fibras musculares rápidas e, ao mesmo tempo, oxidativas (Eliceev; Kulik; Seluianov, 2014). Isso ocorre porque os mecanismos que determinam a velocidade de contração e o perfil metabólico das fibras são completamente distintos. De forma simplificada, as fibras são rápidas porque são inervadas por unidades motoras de alto limiar que só são ativadas em elevadas frequências de impulso, o que influencia a via de sinalização da proteína calcineurina (ver Figura 2.3). Como o ser humano já nasce com quantidade e tipo de unidades motoras determinados, a distribuição de fibras rápidas e lentas é dada por herança genética. Apesar de existirem alguns estudos apresentando evidências de mudanças do tipo de ATPase com o treinamento, essas mudanças são discretas e completamente reversíveis. Por outro lado, conforme Richard (2008), o perfil metabólico das fibras musculares é muito mais suscetível ao treinamento, principalmente quando o balanço energético ATP/ADP (adenosina trifosfato/adenosina difosfato) e CrP/Cr é alterado, ativando as vias de sinalização que envolvem a AMPK – PGC-1α (proteína quinase ativada por AMP – coativador 1-alfa do receptor ativado por proliferadores de peroxissoma gama). Pesquisas demonstram que, em exercícios de alta intensidade que recrutam fibras rápidas, a síntese de mitocôndrias nas fibras rápidas pode ser de quatro a seis vezes superior em relação à síntese de mitocôndrias nas fibras lentas (Verkhoshanski, 2001; Mooren; Völker, 2012).

Além de todas as diferenças entre fibras rápidas e lentas e entre oxidativas e glicolíticas, é necessário ter em mente também que existe uma forma intermediária de fibra muscular, tanto do ponto de vista da velocidade de contração quanto do perfil metabólico. A principal tarefa do treinamento é justamente causar mudanças estruturais nas fibras musculares que permitam aumentar o desempenho tanto da força como da resistência.

2.2.2 A bioquímica da atividade muscular

O processo de contração muscular começa após a chegada do impulso nervoso, provindo do sistema nervoso central (SNC), à fibra muscular. Em seguida, a liberação do neurotransmissor acetilcolina da terminação nervosa provoca a despolarização do sarcolema (membrana da célula muscular), causando um potencial de ação que se propaga até os túbulos transversos e o retículo sarcoplasmático, o qual libera íons de cálcio no sarcoplasma. Quando o íon chega à miofibrila, mais especificamente dentro do sarcômero, a miosina ATPase é ativada, quebrando o ATP e tornando-se energizada, e o cálcio se liga à proteína troponina, que causa uma mudança conformacional na proteína miofibrilar tropomiosina, liberando o sítio de ligação da miosina (liberando o bloqueio). Quando isso ocorre, é formada a ponte cruzada e, em seguida, o fosfato inorgânico (Pi) é liberado; acontece, então, o deslizamento dos filamentos de actina sobre os de miosina, encurtando as linhas Z do sarcômero. Posteriormente, uma nova molécula de ATP se liga à cabeça da miosina para que haja o relaxamento do músculo (Volkov et al., 2013; Powers; Howley, 2014).

O processo descrito no parágrafo anterior (contração muscular) nada mais é do que a conversão de energia química da molécula de ATP em energia mecânica (movimento). Porém, é importante considerar que as reservas de ATP no músculo esquelético são limitadíssimas, não permitindo repetidas contrações por mais de 2 ou 3 segundos. Para que as contrações musculares continuem, a fibra muscular precisa manter as concentrações de ATP e, para isso, existem mecanismos responsáveis pela ressíntese de ATP. Basicamente, os mecanismos de produção de energia podem ser aeróbios ou anaeróbios. A seguir, veremos como se efetiva esse processo.

O processo começa com a enzima miosina ATPase, na qual junto da presença de magnésio e água ocorre a hidrólise do ATP em ADP mais Pi, como indicado a seguir:

$$ATP + Mg^{2+} + H_2O \xrightarrow{\text{ATPase}} ADP + HPO_4 + H^+$$

Essa reação libera energia e um íon de hidrogênio. Para que a concentração de ATP se mantenha suficiente para a continuidade e/ou repetição da contração muscular, a proteína creatina, ligada a um grupo fosfato (CrP – creatina fosfato), doa seu fosfato para o ADP, então a creatina fosfato se torna creatina livre e o ADP é ressintetizado em ATP. Essa reação é catalisada pela enzima creatina fosfoquinase (do inglês *creatin kinase* – CK). A ação da CK serve também como tampão, visto que neutraliza um íon H^+.

$$ADP + CrP + H^+ \xrightarrow{\text{CK}} ATP + Cr$$

Na bioquímica, o mecanismo de ressíntese de ATP por meio da molécula de creatina fosfato é conhecido como *sistema fosfagênio* ou *sistema ATP-CP alático de produção de energia*. Como a concentração de CrP no músculo é de três a quatro vezes maior do que a de ATP, ou seja, 16 mmol/kg de CrP e somente 4-6 mmol de ATP, a CrP é capaz de ressintetizar o ATP por mais ou menos 10 segundos. Nesse contexto, vale destacar que a molécula de creatina não serve apenas para doar fosfato ao ADP; ela atua também (e principalmente) como um transportador universal de fosfatos (Volkov et al., 2013).

Por muito tempo, pesquisadores acreditaram que a molécula de creatina fosfato tinha um papel que se reduzia somente à entrega do fosfato para a ressíntese do ATP e que, após 10-20 segundos de exercício, o ATP era ressintetizado via glicólise anaeróbia ou mecanismos aeróbios mitocondriais. Entretanto, nos anos 1970-1980, V. A. Saks (pesquisador russo) demonstrou que a molécula de ATP não pode deslocar-se rapidamente pela célula, caracterizando-se assim diferentes compartimentos de ATP. Com isso, o pesquisador demonstrou que, na verdade, a creatina é um transportador de fosfatos provindos do ATP de diferentes regiões da célula. Por exemplo, as mitocôndrias, quando oxidam os diferentes substratos por processos aeróbios, produzem muito ATP, mas esse ATP mitocondrial não pode ser diretamente transferido para os sarcômeros nas miofibrilas. Por isso, a molécula de creatina livre se desloca, saindo do compartimento miofibrilar e indo até as mitocôndrias, pois, nas mitocôndrias, existem isoformas da enzima CK que usam o ATP mitocondrial para ressintetizar a creatina livre em CrP. Posteriormente, a CrP volta à miofibrila, ressintetizando o ATP miofibrilar. Nesse cenário, a creatina fosfato, na verdade, é um "acumulador" de energia (Saks; Bobkov; Strumia, 1987; Myakinchenko; Seluianov, 2009; Breslav; Volkov; Tambovtseva, 2013; Volkov et al., 2013).

O segundo sistema de abastecimento energético, conforme a fisiologia clássica, é o mecanismo da glicólise anaeróbia, também conhecido como *sistema lático ou glicolítico*. De forma geral e resumida, esse sistema consiste em um complexo de reações químicas que oxidam a molécula de glicose parcialmente até o produto dela – o piruvato. O que torna a glicólise "anaeróbia" é justamente a baixa densidade mitocondrial de determinadas fibras musculares. Nesse caso, o piruvato é reduzido a lactato, aceitando íons H^+ carregados pelas moléculas de NAD (nicotinamida adenina dinucleotídeo) produzidas no decorrer da glicólise. O saldo final da glicólise anaeróbia é de duas moléculas de ATP, que são utilizadas para ressintetizar a creatina fosfato no citoplasma. É importante ressaltar que a glicólise forma piruvato, que pode ser convertido em lactato, e essa reação não libera íons de hidrogênio (H^+). Os íons de hidrogênio que se acumulam em situações de fadiga são, na realidade, provenientes da hidrólise do ATP.

O terceiro sistema de abastecimento energético é conhecido como *sistema aeróbio* ou *fosforilação oxidativa*. Nesse caso, tanto carboidratos quanto gorduras e proteínas podem ser combustível para produção de ATP. Assim, os substratos são lançados na mitocôndria para serem oxidados em dióxido de carbono (CO_2) e água (H_2O) por meio de mecanismos complexos, como o ciclo de Krebs[2] e a cadeia transportadora de elétrons[3]. No caso dos carboidratos, a primeira etapa é a glicólise, porém, na presença de mitocôndrias e oxigênio, o produto da glicólise, o piruvato, pode ser lançado junto com $NADH_2$ (dinucleótido de nicotinamida e adenina, mas na forma reduzida, ligada ao hidrogênio) na mitocôndria em vez de ser reduzido a lactato. No caso de glicólise aeróbia, são produzidas 38 moléculas de ATP.

[2] Processo que ocorre na matriz mitocondrial com a finalidade de oxidar os substratos.

[3] Processo que utiliza energia dos elétrons para o bombeamento de íons de hidrogênio da matriz mitocondrial para o espaço intermembranoso, para produzir ATP e água.

2.3 Os sistemas cardiovascular e respiratório e o consumo de oxigênio

Para que o músculo esquelético e os demais tecidos e órgãos do organismo exerçam suas funções normalmente, as células que compõem essas estruturas devem funcionar plenamente. Contudo, isso só ocorre mediante a utilização de energia, que é provinda do ATP, conforme vimos anteriormente. Por sua vez, o ATP é formado, na maioria das vezes, nas mitocôndrias, por meio da oxidação de substratos energéticos. Tal oxidação só acontece por intermédio do oxigênio, o qual (assim como outros substratos, moléculas e íons necessários) só pode chegar até as células por meio do sistema cardiovascular, que através do sangue transporta o oxigênio até as células. Por isso, os sistemas cardiovascular e respiratório configuram um contexto importantíssimo na fisiologia do exercício, na aptidão relacionada tanto ao desempenho quanto à saúde.

2.3.1 Sistemas cardiovascular e respiratório – estrutura e função

Estruturalmente, o sistema cardiovascular é constituído por coração, artérias, arteríolas, capilares, vênulas e veias, e a função dessas estruturas é transportar o sangue até os tecidos do organismo. Nesse sentido, o conjunto dessas estruturas que transportam o sangue forma um circuito fechado que, em razão de suas características anatômicas, pode ser dividido em duas partes: a pequena e a grande circulação, também conhecidas, respectivamente, como *circuito pulmonar* e *circuito sistêmico*. A pequena circulação é o circuito existente entre o ventrículo direito e o átrio esquerdo; nesse percurso, o sangue passa pelos pulmões para que haja a troca de gases. Já a grande circulação é o circuito existente entre o ventrículo esquerdo e o átrio direito; nesse percurso, o sangue passa pelos diferentes tecidos do corpo com o intuito de transportar oxigênio e nutrientes, além de captar e eliminar o dióxido de carbono e os produtos do metabolismo celular (Foss; Keteyian, 2000; Breslav; Volkov; Tambovtseva, 2013).

O sistema respiratório é estruturalmente constituído por duas zonas: 1) a zona condutora – responsável pela passagem do ar e anatomicamente composta de cavidade nasal, faringe, laringe, traqueia, árvore brônquica e bronquíolos; e 2) a zona respiratória – formada por bronquíolos respiratórios e sacos alveolares. O movimento do músculo diafragma ocasiona a diminuição da pressão interna dos pulmões, fazendo com que o ar entre. Com isso, cresce a pressão dentro dos alvéolos, a qual facilita a troca de gases com o sangue presente nos capilares sanguíneos que envolvem os alvéolos (Powers; Howley, 2014).

É importante salientar que o termo *respiração* pode ser empregado para descrever dois processos distintos. O primeiro e mais comum é a respiração pulmonar, caracterizada pela ventilação pulmonar, ou seja, a mecânica da respiração por meio do movimento dos músculos respiratórios, principalmente o diafragma. O segundo processo é a respiração celular – utilização de O_2 e produção de CO_2 para formação de energia pelas mitocôndrias nas células dos tecidos (Breslav; Volkov; Tambovtseva, 2013).

Como vimos, os sistemas cardiovascular e respiratório trabalham sempre em conjunto. De forma sintética e didática, o sistema respiratório adiciona oxigênio e remove o dióxido de carbono do sangue, enquanto o sistema cardiovascular distribui o sangue com oxigênio e nutrientes para os tecidos e remove os produtos do metabolismo dos tecidos.

Para que as trocas de gases entre o alvéolo e o eritrócito (hemácia) e entre o eritrócito e a célula ocorram de forma adequada, é necessário que seja mantida certa pressão parcial de oxigênio. No nível do mar, a pressão atmosférica de O_2 é de 159 mmHg (milímetros de mercúrio); esse valor permite que, dentro dos alvéolos, a pressão seja de 104 mmHg e, na artéria aorta, de 94 mmHg. Conforme o sangue vai passando pelos órgãos vitais, parte do O_2 é consumida, diminuindo aos poucos a pressão parcial. Assim, quando o sangue chega às arteríolas, na região dos músculos envolvidos no trabalho, a pressão de O_2 é de 45 a 50 mmHg; nos capilares, a pressão é de 15 a 25 mmHg; e, nas células, de 10 a 15 mmHg. Somente assim as mitocôndrias conseguem funcionar bem com a pressão de 3 a 5 mmHg (Volkov et al., 2013).

Na fisiologia, utilizam-se alguns parâmetros para tratar das capacidades dos sistemas cardiovascular e respiratório. É comum entre os fisiologistas, quando se fala em sistema cardiovascular, o uso de termos como os seguintes:

- ***Frequência cardíaca*** (FC) – É a quantidade de batimentos cardíacos por minuto (BPM).
- ***Volume sistólico*** (VS) – Refere-se à quantidade de sangue em mililitros que o coração ejeta durante a sístole.
- ***Débito cardíaco*** (DC) – Corresponde à quantidade total de sangue que o coração ejeta por minuto (geralmente é dado em litros). O DC é o produto da FC pelo VS e é um parâmetro importante para avaliar a capacidade real do sistema cardiovascular.
- ***Duplo produto*** (DP) – É o produto da frequência cardíaca pela pressão arterial sistólica. Esse parâmetro é mais utilizado para indicar sobrecarga cardíaca em caso de pessoas que precisam de cuidados especiais por apresentarem problemas de saúde.

Já quando se trata do sistema respiratório, é frequente a utilização de termos como os seguintes:

- ***Volume corrente*** (VC) – Refere-se à quantidade de ar inalada ou exalada em um ciclo respiratório durante uma respiração tranquila.
- ***Capacidade vital*** (CV) – É a quantidade de gás que pode ser expirada após uma inspiração máxima.

- ***Volume residual*** (VR) – Corresponde ao volume de gás que permanece nos pulmões após uma expiração máxima.
- ***Capacidade pulmonar total*** (CPT) – Consiste na quantidade de gás presente nos pulmões após uma inspiração máxima (CPT = CV + VR).

Outro elemento fundamental que deve ser considerado quando se fala nos sistemas cardiovascular e respiratório, principalmente no contexto da educação física e da prática de exercícios, é o estudo da hemodinâmica. Entender as funções e as propriedades do sangue é um fator de suma relevância na compreensão do funcionamento integral desses sistemas.

O sangue é composto de plasma – porção aquosa que contém íons, proteínas e hormônios – e células – porção composta por eritrócitos, plaquetas e leucócitos. Em homens adultos saudáveis, o hematócrito (percentual do sangue constituído por células) equivale a 42%; já em mulheres, a 38% (Powers; Howley, 2014).

No que se refere ao transporte de oxigênio, o elemento mais importante é a célula sanguínea vermelha, conhecida como *hemácia, glóbulo vermelho* ou *eritrócito*. Dentro dessa célula existe uma proteína de pigmentação vermelha chamada *hemoglobina*, que é muito importante no exercício físico, pois pode contribuir para o transporte de oxigênio, de dióxido de carbono e de íons de hidrogênio. Cada hemoglobina pode se ligar com 2 a 8 moléculas de oxigênio, sendo que cada grama dessa proteína é capaz de transportar 1,34 mL/O_2 (mililitros de oxigênio) (Seluianov; Sarsania; Zaborova, 2012; Dias et al., 2016).

2.3.2 A função cardiorrespiratória e o consumo máximo de oxigênio

Os sistemas cardiovascular e respiratório são suscetíveis ao treinamento, razão pela qual se discute com frequência a importância deles na resistência de atletas e pessoas que buscam qualidade de vida. A seguir, apresentamos uma tabela com uma comparação de alguns parâmetros entre pessoas saudáveis não atletas e atletas de alto rendimento.

Tabela 2.1 Indicadores funcionais associados à resistência de adultos saudáveis e de atletas de alto rendimento

Parâmetro	Adultos saudáveis	Atletas de alto rendimento
FC em repouso (BPM)	70 a 75	40 a 45
FC máxima (BPM)	180 a 190	200 a 230
Volume do coração (mL)	750 a 800	1.300 a 1.600
Volume de sangue (L)	4,7 a 5	5,8 a 6,2
Volume sistólico em repouso (mL)	60 a 70	120 a 130
Volume sistólico máximo (mL)	115 a 125	200 a 220
Débito cardíaco em repouso (L)	4,2 a 4,6	4 a 4,4
Débito cardíaco máximo (L)	20 a 24	40 a 46
Ventilação pulmonar em repouso (L/min)	7 a 8	6 a 7
Ventilação pulmonar máxima (L/min)	120 a 130	190 a 220
Frequência respiratória em repouso (ciclos/min)	12 a 14	10 a 11
Frequência respiratória máxima (ciclos/min)	40 a 45	55 a 60
$VO_{2\,max}$ (mL/kg/min)	40 a 45	75 a 80

Fonte: Platonov, 2015, p. 830, tradução nossa.

O consumo máximo de oxigênio ($VO_{2\,max}$) do ser humano é em parte determinado pela capacidade dos sistemas cardiovascular e respiratório. A fisiologia clássica, no geral, define $VO_{2\,max}$ como a capacidade do organismo de captar, transportar e utilizar oxigênio. Apesar da aparente clareza dessa definição, existem muitos problemas relativos à interpretação dela e à importância do $VO_{2\,max}$ no desempenho de atletas e de pessoas que buscam saúde.

Segundo alguns autores, como Verkhoshanski (2001), Seluianov, Sarsania e Zaborova (2012) e Dias et al. (2016), a limitação no consumo de oxigênio está relacionada ao esgotamento da reserva de fibras musculares (FM), nas quais há muitas mitocôndrias (fibras musculares oxidativas – FMO e fibras musculares intermediárias – FMI), e não ao fato de o oxigênio não ser suficiente no sangue. Portanto, o fator que limita a capacidade de trabalho aeróbia não é central, mas periférico – a massa de mitocôndrias nas FMO e nas FMI. Com o intuito de facilitar a compreensão desse argumento, vamos exemplificá-lo, logo a seguir, com a explanação sobre os processos fisiológicos de consumo de oxigênio apresentados na monografia de Jens Bangsbo (1994) intitulada *Fitness training in football: a scientific approach* (1994), bem como no texto *Football*, escrito por um grupo de autores sob a orientação de Björn Ekblom (1994).

O homem respira; quando ele executa a inspiração, inicia-se a entrada de ar atmosférico nos pulmões com conteúdo aproximado de oxigênio em 21% e gás carbônico em 0,04%. Essa porção de ar se mistura com a quantidade residual de ar dentro dos pulmões. O oxigênio nos pulmões tem sua difusão através da penetração no sangue, ligando-se em seguida à hemoglobina dos eritrócitos. Já o dióxido de carbono segue direção contrária, caindo na porção de ar eliminada (sai) do organismo.

A respiração é garantida principalmente pelo trabalho do diafragma. Quando ocorre a tensão desse músculo, ele se transforma de convexo para achatado, levando ao aumento do volume da caixa torácica, ao alongamento dos pulmões e, consequentemente, ao início da inspiração. O relaxamento do diafragma levanta-o, ocorrendo a saída do ar, ou seja, a expiração.

A ventilação pulmonar de futebolistas, por exemplo, pode atingir, em condições laboratoriais, 150 a 200 L/min. Portanto, pelos pulmões podem passar aproximadamente 30 a 40 L de O_2/min. O sangue que passa pelos pulmões se enriquece de oxigênio, e cada grama de hemoglobina pode ligar-se a 1,34 mL de O_2. Por isso, com o crescimento do abastecimento sanguíneo, transporta-se mais oxigênio. É conhecido que o débito cardíaco (DC) nos futebolistas é composto de:

$$DC = VS * FC = 0{,}160 * 190 = 30{,}4\ L/min$$ [4]

Então, o consumo máximo possível de oxigênio pode equivaler a:

$$VO_{2\,max} = VS * FC * H_B * 1{,}34 = 0{,}160 * 190 * 150 * 1{,}34 * 0{,}001 = 6{,}1\ L/min$$

A partir disso, é notável que, com o débito cardíaco calculado, o consumo máximo de oxigênio de um futebolista seria em média de 6,1 L/min; logo, se a massa do corpo do atleta for de 75 kg, o consumo máximo relativo de oxigênio poderá equivaler a 81,3 mL/kg/min (mililitros de oxigênio por quilograma por minuto). Contudo, aqui surge um problema: 80 mL/kg/min é o consumo máximo de oxigênio de maratonistas de elite e jogadores de futebol; quando testados em condições laboratoriais, dificilmente se ultrapassa o valor de 60 mL/kg/min. Assim, com base nessas informações, surgem algumas perguntas: Por que os pesquisadores não conseguem encontrar a grandeza de VO_2 calculada em testes práticos? Será mesmo o sistema cardiovascular o fator limitante no consumo máximo de oxigênio? O VO_2 máximo é tão relevante no desempenho?

Conforme vimos, geralmente o consumo máximo real de oxigênio em futebolistas é de 50 a 60 mL/kg/min. Isso é causado pelo fato de que o procedimento utilizado para determinar o $VO_{2\,max}$ em teste de potência crescente não permite que seja identificado o verdadeiro $VO_{2\,max}$. O $VO_{2\,max}$ real é a grandeza de consumo de oxigênio na máxima produção do sistema

---

[4] Volume sistólico do coração (VS) – nos futebolistas, em média, 160 mL, mas muitos jogadores da primeira divisão têm VS máximo maior que 200 mL; frequência de contrações cardíacas (FC) = 190 batimentos por minuto (BPM); hemoglobina (Hb) = 150 g/L.

cardiovascular. Essa condição é criada na ativação da máxima quantidade de músculos possivelmente envolvidos no trabalho. Por exemplo, no teste realizado no cicloergômetro[5], no momento da recusa da continuação de execução do exercício, é necessário exigir do experimentando que execute a máxima aceleração durante 30 a 60 segundos. Na ausência de força muscular dos membros inferiores do atleta, entram no trabalho os músculos do tronco e dos membros superiores, no quais ainda muitas FMO podem ser recrutadas, o que culmina na demonstração de grandezas maiores de consumo de oxigênio. Essa grandeza pode ter uma adição de 0,5 a 1,0 L de O_2/min. Tal adição, na avaliação do $VO_{2\,max}$, não tem relação direta com a capacidade de trabalho dos músculos dos membros inferiores e, por isso, o $VO_{2\,max}$ não tem grande relevância informativa no que concerne à avaliação da capacidade de trabalho de atletas.

No trabalho abaixo do limiar aeróbio (LA), ocorre nos músculos o recrutamento de fibras musculares. É visível que a atividade elétrica muscular no decorrer de um minuto cresce (ocorre o recrutamento da quantidade de fibras musculares exigidas pelo trabalho). Então, a atividade estabiliza-se e, com essa potência, o homem pode trabalhar por tempo relativamente longo (mais de 10 minutos). Quando a potência do exercício supera o nível do limiar anaeróbio (LAn), a atividade elétrica dos músculos continua a crescer até a fadiga, que já ocorre antes dos 10 minutos. O consumo de oxigênio começa a crescer já nos primeiros 15 segundos após o trabalho de qualquer intensidade, sendo que a velocidade do aumento do consumo de oxigênio cresce conforme a elevação da potência do exercício (Volkov et al., 2013). Obviamente isso está relacionado com o recrutamento das fibras musculares, pois, quanto mais FMO são recrutadas, maior é o consumo de oxigênio. Desse modo, ao término do primeiro minuto, se

[5] Equipamento que afere parâmetros como potência mecânica e trabalho realizado no ato de pedalar.

o consumo de oxigênio fosse igual ao nível do LAn e se a potência do exercício superasse a potência do LAn, a duração do trabalho ficaria entre 2 e 8 minutos. O consumo de oxigênio no nível do LAn é significativamente menor (50 a 80%) do que no $VO_{2\,max}$, o que significa que geralmente não ocorre deficiência de oxigênio no sangue.

A fonte aeróbia de produção de energia está conectada ao funcionamento das mitocôndrias nas FMO e FMI ativadas nos músculos durante o exercício. O consumo máximo de oxigênio do miocárdio corresponde a 0,4 L/min. Considerando-se que a massa do miocárdio seja 0,3 kg, a potência deve ser equivalente a 1,2 L de oxigênio por quilo (O_2/kg). O consumo de oxigênio pelos músculos esqueléticos é aproximadamente duas vezes menor, ou seja, 0,4 a 0,6 L/kg/min. Portanto, durante o pedalar do cicloergômetro, quando os músculos dos membros inferiores são ativados (aproximadamente 16 kg de músculos), o consumo de oxigênio pode atingir 6,4 a 9,6 L/min. Tal grandeza só é possível com 100% de FMO e FMI; no entanto, geralmente essas fibras são no total entre 20 e 50% do músculo, por isso o consumo de oxigênio varia no limite de 1,3 a 4,3 L/min ou 20 a 65 mL/kg/min.

Esse indicador (20 a 65 mL/kg/min) corresponde ao consumo de oxigênio no nível do LAn e, juntamente com a participação no trabalho dos músculos respiratórios, músculos do tronco e membros superiores, o consumo de oxigênio pode ainda aumentar. Nesse caso, a grandeza do consumo de oxigênio estará em conformidade com o $VO_{2\,max}$. Assim, as possibilidades aeróbias dos músculos ativos no exercício são caracterizadas pelo consumo de oxigênio ou potência no nível do LAn. Já o $VO_{2\,max}$ é o indicador integral do consumo de oxigênio pelos músculos fundamentais e quaisquer outros músculos que são ativados, mas que não têm nenhuma relação com a execução do trabalho mecânico; portanto, determinar as contribuições desses músculos é impossível. Por isso o $VO_{2\,max}$ é um indicador pouco informativo que tem correlação moderada com os resultados na corrida, enquanto o consumo de oxigênio no nível do LAn apresenta correlação considerável (Myakinchenko; Seluianov, 2009).

Desse modo, podemos afirmar que o $VO_{2\,max}$ não é tão relevante assim para atletas de alto rendimento e que o sistema cardiovascular não o limita. Em outras palavras, quando se fala em desempenho, é mais importante analisar o LAn, que tem mais relação com a densidade mitocondrial dos músculos do que com os parâmetros cardíacos. No que concerne à aptidão física relacionada à saúde, o $VO_{2\,max}$, como um componente vinculado à resistência geral do indivíduo (e não à capacidade de trabalho no esporte), pode ser considerado um bom indicador de saúde, visto que atesta sobre músculos mais aeróbios que sobrecarregam menos o sistema cardiovascular. Na próxima seção, veremos o porquê de o LAn ser muito mais informativo no que se refere ao desempenho do atleta do que o $VO_{2\,max}$ (Seluianov; Sarsania; Zaborova, 2012).

2.4 A bioenergética da atividade muscular, o consumo de oxigênio e o limiar anaeróbio

A interpretação moderna que se dá aos mecanismos de abastecimento energético durante a atividade muscular busca integrar os novos conhecimentos da fisiologia para tentar explicar os fenômenos que podem ser observados em testes físicos em condições laboratoriais. Para compreender bem como ocorrem os processos bioenergéticos no organismo, antes é necessário conhecer o funcionamento das fibras musculares, tendo em vista que é justamente em decorrência do recrutamento de mais ou menos fibras musculares que as mudanças metabólicas e no consumo de oxigênio acontecem durante o exercício. Na Figura 2.4, mostramos um modelo bioenergético de fibras musculares glicolíticas e oxidativas.

Figura 2.4 Modelo de fibras musculares glicolíticas (1) e oxidativas (2)

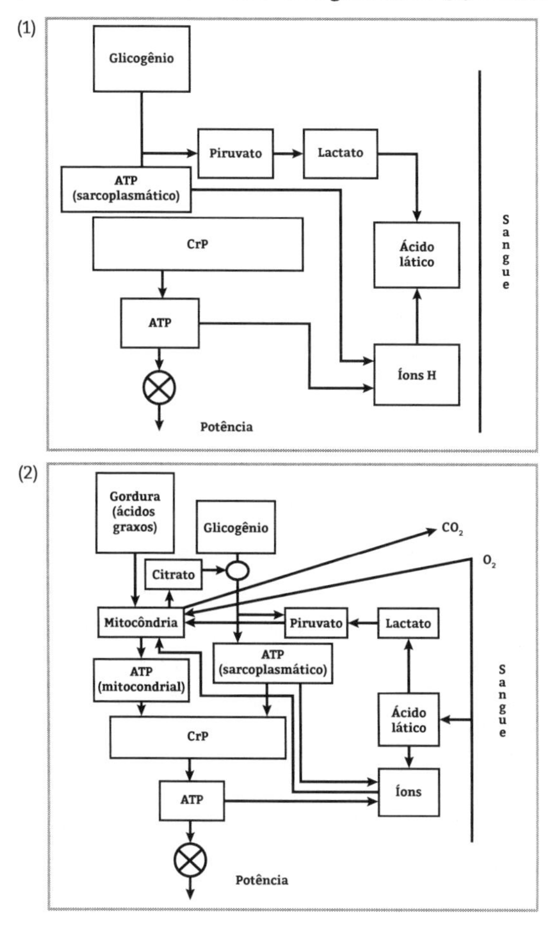

Fonte: Dias et al., 2016, p. 71-72.

Em ambas as fibras representadas na Figura 2.4, o processo começa com a hidrólise do ATP liberando energia e um íon de hidrogênio; na sequência, a molécula de CrP doa fosfato para a ressíntese do ATP miofibrilar.

Na fibra muscular glicolítica (1), a creatina fosfato (CrP) é ressintetizada no citoplasma por meio dos ATPs provindos da glicólise anaeróbia, que, por sua vez, forma o lactato; a CrP, então, volta à miofibrila para ressintetizar o ATP miofibrilar. Nesse contexto, vale ressaltar que a velocidade de ressíntese da creatina fosfato por meio do ATP sarcoplasmático é menor do que a velocidade de hidrólise do ATP miofibrilar, o que faz com que ocorra o acúmulo de Cr de íons de hidrogênio (H^+) e, consequentemente, fadiga muscular.

Já na fibra muscular oxidativa (2), após a hidrólise do ATP miofibrilar e a depleção de creatina fosfato, a creatina livre se desloca até as mitocôndrias, pois na membrana da mitocôndria existem enzimas CK que utilizam o ATP mitocondrial para ressintetizar creatina fosfato sem liberação de H^+ no citoplasma. Como a mitocôndria produz bastante ATP e ainda é capaz de absorver íons de hidrogênio, na fibra muscular oxidativa, em condições normais (sem bloqueio isquêmico), a ressíntese de ATP é tão rápida quanto sua depleção e sem diminuição de pH, razão pela qual a fibra oxidativa é muito resistente à fadiga.

Com os conceitos apresentados, a interpretação conferida aos fenômenos fisiológicos e bioenergéticos se dá por meio dos seguintes testes: teste de potência máxima no cicloergômetro e teste de potência crescente (incremental).

No **teste de potência máxima no cicloergômetro**, com o intuito de gerar potência máxima, somado a uma motivação elevada por parte do atleta, um grande fluxo de impulsos elétricos sai do cérebro em direção aos músculos a serem recrutados. A alta frequência de impulsos de 40 a 50 Hz (ou mais) ativa praticamente todas as unidades motoras disponíveis (Dias et al., 2016).

Cada unidade motora tem uma razão de inervação dada pela quantidade de fibras musculares (Powers; Howley, 2014), ou seja, quanto mais unidades motoras são recrutadas, mais fibras musculares contribuem para criar tensão muscular. As fibras musculares, por sua vez, trabalham no regime de tudo ou nada, isto é, geram tensão máxima quando ativadas. A grandeza da tensão muscular gerada na fibra depende da quantidade total de pontes cruzadas ativas. Logo no início do trabalho, a força é elevadíssima, porque todas as pontes cruzadas existentes em todas as fibras recrutadas estão convertendo a energia química da molécula de ATP em energia mecânica.

No decorrer dos primeiros segundos do teste, a potência não diminui, pois a concentração de ATP miofibrilar é mantida à custa da reserva de creatina fosfato (CrP). No caso do teste de Wingate (teste de intensidade máxima no cicloergômetro com duração de 30 segundos), após 7 a 12 segundos a potência começa a decrescer. Isso se deve ao fato de o mecanismo da glicólise anaeróbia nas fibras glicolíticas não conseguir ressintetizar a CrP tão rapidamente quanto se quebra o ATP miofibrilar. Com o acúmulo de creatina livre, a função tamponante da CrP diminui, crescem a quantidade de ADP e a atividade da adenilato quinase – enzima que converte duas moléculas de ADP em uma molécula ATP mais uma AMP (adenosina monofosfato). A soma desses fatores faz com que haja a liberação de íons de hidrogênio na célula muscular glicolítica.

Assim, com a diminuição do pH e do ATP miofibrilar, começam a diminuir as pontes cruzadas no sarcômero de cada miofibrila, o que resulta na redução da tensão provocada por essa fibra. Quanto maior o grau de acidez e de depleção de ATP na miofibrila, menor é a força.

Portanto, nesse contexto, no teste de potência máxima no cicloergômetro, a potência mecânica máxima observada não avalia a potência do mecanismo ATP-CP, mas fornece uma noção indireta da quantidade total de miofibrilas no músculo. Por outro lado, no índice de fadiga apresentado no caso de teste de potência máxima com duração superior, como o de Wingate, a capacidade e a potência glicolíticas supostas absolutamente não são avaliadas. Uma queda de desempenho pouco significativa certifica a não diminuição do pH e das reservas de ATP e CrP nas fibras, em virtude da presença de mitocôndrias capazes de produzir muito ATP para a ressíntese de CrP e consumir íons de hidrogênio em caso de acúmulo.

No primeiro estágio do **teste de potência crescente (incremental)**, em razão da resistência externa pequena, recrutam-se (segundo o princípio do tamanho de Henneman) as unidades motoras de baixo limiar de excitação. Essas unidades motoras ativam fibras musculares de alta capacidade aeróbia nas quais o substrato preferencial utilizado é o ácido graxo. No entanto, nos primeiros 10 a 20 segundos, o abastecimento energético acontece à custa dos estoques de ATP e CrP nas fibras ativas. Já no limite de tempo do primeiro estágio (1 minuto) tem lugar o recrutamento de novas fibras musculares, permitindo que se mantenha dada potência. Esse aumento no recrutamento é causado pela queda na concentração de fosfatos de alta energia nas fibras ativas, ou seja, a força (potência) de contração dessas fibras musculares, pela influência ativadora do SNC, ocasiona o envolvimento de novas unidades motoras (fibras musculares). Com o aumento gradual da resistência externa, são observadas alterações proporcionais em alguns indicadores: cresce a FC, o consumo de oxigênio e a ventilação pulmonar, mas praticamente não muda a concentração de lactato e íons de hidrogênio (H^+).

Com o alcance de uma determinada resistência externa (aumento da potência do trabalho), acontece o momento em que são recrutadas todas as FMO e, então, começam a ser recrutadas as FMI. Nestas últimas, depois da redução da concentração de fosfatos de alta energia, é possível observar que uma parte do piruvato, transformado em lactato e H^+, é lançada no sangue e posteriormente se infiltra nas FMO. Assim, a entrada de lactato nas FMO leva à inibição da oxidação lipídica, e o glicogênio passa a ser o substrato de oxidação de maior medida. Portanto, pelo recrutamento de todas as FMO, acontece o primeiro aumento da concentração de lactato no sangue, bem como a intensificação da respiração. A ventilação pulmonar cresce em relação à formação e ao acúmulo, nas FMI, de íons de hidrogênio, os quais, em sua saída para o sangue, interagem com o sistema de tampão (bicarbonato) do sangue e causam a formação de "CO_2 não metabólico". Por fim, o aumento do CO_2 estimula a ativação da respiração.

Nesse contexto, na execução do teste de potência crescente (incremental) tem lugar o fenômeno que pode ser chamado de *limiar aeróbio* (LA). O aparecimento do LA atesta o recrutamento de todas as FMO. Pela medida da resistência externa, é possível julgar as possibilidades de força das FMO, que podem manifestar-se na ressíntese de ATP e CrP à custa da fosforilação oxidativa.

O aumento seguinte da potência do trabalho ou resistência externa no próximo estágio do teste incremental exige o recrutamento de unidades motoras de alto limiar, o que intensifica os processos de glicólise anaeróbia, e mais lactato e H^+ aparecem no sangue. Esse lactato novamente chega às FMO e transforma-se em piruvato, com a ajuda da enzima lactato desidrogenase tipo cardíaca. Entretanto, a potência metabólica do sistema mitocondrial tem um limite. Por isso, no início do aumento de lactato no sangue, ocorre o equilíbrio dinâmico entre a formação de lactato e seu consumo nas FMO e nas FMI; depois, esse equilíbrio é quebrado e os metabólitos não compensados – lactato, H^+, CO_2 – causam uma brusca intensificação das funções fisiológicas.

A respiração é um dos processos mais sensíveis. A porção de sangue arterial com conteúdo elevado de CO_2 atinge os quimioceptores, causando a intensificação ainda maior desse processo. Como resultado, o CO_2 começa a sair do sangue, e sua concentração média, a diminuir. Nessa potência de trabalho é testemunhado o LAn, em que a velocidade de liberação do lactato das fibras musculares glicolíticas (FMG) ativas se iguala à velocidade de oxidação do lactato pelas FMO e pelas FMI. Nesse momento, o substrato energético de oxidação nas FMO torna-se somente carboidratos – uma parte deles é o glicogênio das FMO e outra parte é o lactato formado nas FMG.

A utilização de carboidratos como substrato de oxidação garante a máxima velocidade de produção de ATP nas mitocôndrias das FMO; portanto, o consumo de oxigênio e/ou a potência no nível do LAn caracterizam a potência aeróbia máxima dos músculos e o momento em que as FMG são ativadas.

Com o aumento seguinte da potência externa, faz-se necessário o envolvimento de quase todas as unidades motoras de alto limiar que inervam as FMG. O equilíbrio dinâmico é quebrado e a produção de lactato e H^+ supera a velocidade de sua remoção. Com isso, é observado o aumento da ventilação pulmonar, da FC e do consumo de oxigênio. Após o LAn, o consumo de oxigênio aumenta, principalmente em virtude dos músculos respiratórios e do miocárdio. No alcance da grandeza limite de ventilação pulmonar e FC, somada à fadiga local dos músculos, o consumo de oxigênio se estabiliza e depois diminui. Nesse momento é fixado o $VO_{2\,máx}$.

Nesse contexto, o $VO_{2\,máx}$ **é** a soma da grandeza de consumo de oxigênio nas FMO, nos músculos respiratórios e no miocárdio.

Conforme o que apresentamos nesta seção, e ao longo de todo este capítulo, parece claro que a utilização do metabolismo aeróbio ou anaeróbio no músculo esquelético em trabalho não depende do fornecimento de oxigênio, como sempre foi defendido por alguns fisiologistas, e sim do perfil das fibras musculares recrutadas. Atletas altamente treinados conseguem elevar seu LAn graças ao aumento de FMO.

Nesse contexto, é importante entender que transformar FMG em FMO não quer dizer necessariamente transformar fibras rápidas em fibras lentas, pois a velocidade das fibras é dada pelo tipo de ATPase, que pouco muda ou não muda com o treinamento por ser determinada por características genéticas (o tipo de unidade motora influencia a ATPase das fibras recrutadas). Por outro lado, o potencial metabólico das fibras (oxidativas e glicolíticas) depende da quantidade de mitocôndrias, capilares e mioglobina, as quais são altamente alteráveis. É bem conhecido pela comunidade científica, por exemplo, que em trabalhos de elevada intensidade (90% do $VO_{2\,máx}$) a síntese de mitocôndrias nas fibras rápidas pode superar de 4 a 6 vezes a síntese dessas organelas nas fibras lentas (Verkhoshanski, 2001; Mooren; Völker, 2012). Portanto, um músculo treinado pode ter fibras rápidas e, ao mesmo tempo, oxidativas.

2.5 O sistema endócrino, o controle da homeostase e a adaptação ao treinamento

O sistema endócrino trabalha em conjunto com o sistema nervoso no controle da homeostase do organismo. Mediante essa ação conjunta, identificam-se as mudanças que ocorrem no organismo e elabora-se uma resposta adequada. O sistema endócrino pode ser definido com um conjunto de glândulas e hormônios que agem para manter ou recuperar a homeostase do organismo. As glândulas endócrinas são órgãos que sintetizam e liberam hormônios na corrente sanguínea; os hormônios, por sua vez, em termos funcionais, são mensageiros químicos que exercem efeito nas células de um tecido-alvo (Wilmore; Costil; Kenney, 2013).

Do ponto de vista estrutural, os hormônios podem ser de natureza proteica (peptídeos) ou lipídica (esteroides). Geralmente, os hormônios peptídicos agem por mecanismos de segundo mensageiro; já os hormônios esteroides, graças à sua composição, passam direto pela membrana da célula, exercendo seus efeitos diretamente no DNA (Kraemer, 2008; Viru; Viru, 2008; Volkov et al., 2013).

Nas várias glândulas endócrinas existentes no corpo humano, diversos hormônios podem ser sintetizados para depois serem excretados na corrente sanguínea. A maioria das glândulas é controlada por outros hormônios provindos de uma glândula principal chamada *hipófise* ou *pituitária*, localizada na base do cérebro e dividida em duas porções ou lobos: 1) anterior (adeno-hipófise) e 2) posterior (neuro-hipófise). A hipófise anterior tem a liberação hormonal controlada por agentes químicos originados em neurônios localizados no hipotálamo. A hipófise posterior recebe hormônios de neurônios especiais originados no hipotálamo. Os hormônios avançam pelos axônios até os vasos sanguíneos localizados no hipotálamo posterior, onde são lançados à circulação geral (Powers; Howley, 2014).

A hipófise anterior libera hormônios como o adrenocorticotrófico (ACTH), que controla as glândulas adrenais; o folículo-estimulante (FSH) e o luteinizante (LH), que controlam as gônadas; o estimulador da tireoide (TSH), que controla a tireoide; o hormônio do crescimento (GH); a prolactina, entre outros. Já a hipófise posterior armazena dois hormônios, a ocitocina e o hormônio antidiurético, que são produzidos no hipotálamo, ao qual está acoplado o lobo posterior da hipófise.

Por meio de diversos mecanismos, a hipófise controla a ação de outras glândulas endócrinas de nosso corpo, porém devemos destacar que existem outros mecanismos que não dependem propriamente da ação da hipófise. Além disso, cabe lembrar que os hormônios excretados pelas glândulas endócrinas não são os únicos mensageiros químicos. Existem outros hormônios e fatores de natureza proteica que são produzidos por meio de mecanismos autócrinos e parácrinos e que exercem funções imprescindíveis no organismo humano. No entanto, em nosso estudo do sistema endócrino neste capítulo não temos o intuito de detalhar o funcionamento desse complexo sistema do organismo, e sim apenas de ressaltar alguns tópicos importantes a respeito das respostas endócrinas do organismo no que concerne à saúde, ao exercício físico e ao processo adaptativo no desempenho humano.

2.5.1 As respostas endócrinas no processo adaptativo relacionado com o desempenho físico

Como já mencionamos, a hipófise anterior controla várias outras glândulas do corpo. No contexto do exercício físico, existem alguns eixos ou subsistemas do sistema endócrino que adquirem maior relevância. Segundo Myakinchenko e Seluianov (2009), são três os eixos mais importantes: 1) eixo hipotalâmico hipofisário gonodal; 2) eixo hipotalâmico hipofisário adrenal; e 3) eixo hipotalâmico hipofisário tireoidiano.

No **eixo hipotalâmico hipofisário gonodal**, o hipotálamo solta o hormônio liberador de gonadotropina (GnRH), que, por sua vez, estimula a hipófise anterior a secretar o hormônio luteinizante (LH) e o hormônio folículo-estimulante (FSH). O LH, nos homens, faz com que os testículos liberem testosterona; já nas mulheres, estimula a produção de estrogênio nos ovários. O FSH estimula a produção de espermatozoides no testículo e de óvulos nos ovários. A testosterona é um hormônio androgênico (atribui características masculinas ao organismo), além de ser um potente sinalizador da síntese proteica, contribuindo para o anabolismo muscular e a recuperação; a produção diária varia de 4 a 7 miligramas. No organismo feminino, os esteroides androgênicos como a testosterona também são produzidos, porém de 10 a 30 vezes menos. Como as mulheres não têm testículos, os androgênicos são produzidos nas glândulas suprarrenais, nos ovários e na pele (Myakinchenko; Seluianov, 2009).

Os órgãos-alvo dos androgênicos são as vesículas seminais, os testículos, o apêndice, os músculos esqueléticos, o miocárdio etc. As etapas de ação da testosterona nas células dos órgãos-alvo são as seguintes: 1) a testosterona se converte em uma forma mais ativa, a 5-alfa-di-hidrotestosterona; 2) é formado o complexo hormônio-receptor quando o hormônio se liga ao receptor androgênico; 3) esse complexo se infiltra no núcleo da célula; 4) acontece a interação com a cromatina; 5) intensifica-se a formação de RNAm; 6) ocorrem a biogênese de ribossomos e a síntese de proteínas.

Estudos demonstram que o treinamento de força (tanto máxima, explosiva, como de resistência de força) é um potente estímulo para a produção e liberação de testosterona (Viru; Viru, 2008). Não é à toa que esse hormônio, na forma sintética, é usado por fisiculturistas e demais atletas que buscam ganhos mais significativos de massa muscular. Vale ressaltar, como já vimos, que o treinamento estimula a liberação natural do hormônio; assim, a utilização exógena exacerbada desse hormônio, e até mesmo em alguns casos de terapia, pode acarretar efeitos colaterais à saúde, além de ser considerada, no esporte, como *doping*.

O **eixo hipotalâmico hipofisário adrenal** é ativado pelos diversos estímulos estressantes. Nesse contexto, o estresse é aquilo que perturba a homeostase, por exemplo, fraturas, jejum prolongado, exercício físico intenso e com recuperação incompleta das sessões de treinamento anteriores etc. Esse estresse promove a liberação do hormônio liberador de corticotrofina (CRH) pelo hipotálamo, estimulando a síntese e a secreção do hormônio adrenocorticotrófico (ACTH) na hipófise anterior. O ACTH age no córtex suprarrenal, estimulando a síntese e a liberação de hormônios esteroides. Entre os principais hormônios liberados pelo córtex suprarrenal, no contexto do exercício físico, têm destaque a aldosterona, os esteroides sexuais e, principalmente, o cortisol (Myakinchenko; Seluianov, 2009).

O cortisol é um importante hormônio do estresse, cuja função no metabolismo é mobilizar ácidos graxos e inibir a síntese de proteínas. Além disso, o cortisol bloqueia a entrada da glicose na célula e faz o fígado converter proteínas e gorduras em glicose. É importante compreender que o cortisol é relevante na adaptação do organismo e que a ação dele e de outros hormônios do estresse, como a adrenalina e noradrenalina, cria o estado de prontidão. Em outras palavras, os hormônios do estresse têm importância em estados de maior ativação do organismo humano, como nas atividades de alta intensidade. Contudo, a concentração elevada desses hormônios por tempo prolongado pode ter efeito prejudicial ao organismo (Vovk, 2007; Nikulin; Rodionova, 2011).

A aldosterona é um mineralocorticoide que ajuda no equilíbrio das concentrações de sódio e potássio do organismo por meio do sistema renina-angiotensina. Como consequência, ela pode influenciar o controle da pressão arterial (Powers; Howley, 2014).

O **eixo hipotalâmico hipofisiário tireoidiano** apresenta inter-relações neurais e humorais. É pressuposto que seu funcionamento seja sincronizado com o eixo hipotalâmico hipofisário adrenal. Os hormônios da tireoide (T3, T4 e tirotropina) mostram-se positivos nos processos recuperativos após a execução de exercícios físicos, apesar de os mecanismos de ação desses hormônios não serem ainda bem esclarecidos (Myakinchenko; Seluianov, 2009).

Outro importante mecanismo endócrino é o **sistema adrenal**. Esse sistema é composto pela glândula medula suprarrenal. Essa glândula libera adrenalina e noradrenalina no sangue, hormônios que otimizam alguns processos metabólicos via segundo mensageiro, aumentam a atividade do coração e dos pulmões, além de promoverem vasoconstrição. Os fatores que estimulam a secreção das catecolaminas[6] são a baixa concentração de glicose sanguínea e a pressão arterial; todavia, o estímulo principal é o estado emocional do sujeito (Powers; Howley, 2014).

Outros hormônios que não estão acoplados a um eixo de funcionamento mais complexo têm função importante no exercício físico, como é o caso do GH, da insulina e do glucagon. O GH é liberado pela hipófise anterior em resposta à liberação do hormônio liberador de GH hipotalâmico (GHRH). Ele estimula a lipólise

[6] As catecolaminas são os hormônios adrenalina e noradrenalina.

no tecido adiposo e a síntese proteica nos músculos e em outros órgãos. Além disso, o GH faz o fígado sintetizar e liberar o fator de crescimento similar à insulina (IGF1), um potente hormônio que promove anabolismo muscular. A insulina também tem ação anabólica e recuperativa, tendo em vista que sua ação ativa proteínas de transporte de glicose (GLUT4) na membrana celular; já o glucagon estimula a liberação de glicose do fígado.

Existem vários outros hormônios importantes para o organismo, tais como a vasopressina, a calcitonina e o paratormônio. Entretanto, esses hormônios serão aqui "negligenciados" por não terem papel de destaque no processo de adaptação suscitado por um programa de exercícios físicos voltado para o condicionamento físico e o desempenho.

Em resumo, podemos afirmar que os mecanismos biológicos relacionados com o processo de adaptação, tanto aguda como crônica, envolvem mecanismos hormonais que têm influência direta nas vias de sinalização celular. Existem hormônios que ativam processos que facilitam a quebra de substratos energéticos, outros que facilitam a entrada de glicose na célula e outros que ativam os processos de expressão gênica por meio de complexas vias de sinalização. Embora os hormônios exerçam um papel extremamente determinante na sinalização celular, diversos mecanismos podem influenciar a expressão gênica. Além disso, os próprios tecidos, como o muscular e até mesmo o adiposo, podem ser chamados de *órgãos endócrinos*, *autócrinos* e *parácrinos*, por serem capazes de liberar fatores transcricionais e hormônios que regulam a atividade de suas próprias células e de outros órgãos.

No Capítulo 5, discutiremos alguns detalhes sobre o diabetes e os mecanismos de ação da insulina, a aldosterona e o sistema renina-angiostensina na regulação da pressão arterial, bem como a produção de citocinas anti e pró-inflamatórias pelos tecidos adiposo e muscular.

Síntese

Neste capítulo, vimos que o desempenho do organismo humano em uma dada tarefa é determinado pelas particularidades funcionais de diferentes sistemas do organismo. Por sua vez, as capacidades funcionais de certos órgãos e sistemas dependem das particularidades morfológicas desses mesmos órgãos. Não é à toa que atletas de modalidades que exigem força e potência têm grande massa muscular, enquanto atletas de resistência têm massa menor, porém elevadíssima densidade mitocondrial no músculo.

Nesse contexto, é importante compreender que, além da predisposição genética, o conteúdo do músculo esquelético pode ser manipulado de acordo com a especificidade do treinamento, ou seja, a natureza do estresse que quebra a homeostase. Dessa forma, com a manipulação do conteúdo celular promovida pelos exercícios, o potencial bioenergético do músculo é aumentado, assim como mudanças podem ser observadas também na densidade de vasos capilares, como o aumento dos parâmetros cardíacos. Em geral, isso ocorre pelos mecanismos complexos que envolvem o processo adaptativo, abrangendo principalmente o treinamento e as respostas endócrinas. Tendo plena noção dos mecanismos citados, o professor de educação física consegue compreender quais variáveis fisiológicas ele deve manipular com os exercícios para atingir determinado efeito. Essa é, sem dúvida, uma das premissas mais importantes para se elaborar uma prescrição de exercícios de sucesso no programa de treinamento.

Atividades de autoavaliação

1. Assinale V (verdadeiro) ou F (falso) quanto aos conhecimentos de biologia celular relacionados ao desempenho físico:
   ( ) As mitocôndrias são a estação energética da célula e estão associadas à resistência do músculo esquelético.

( ) O retículo sarcoplasmático se conecta aos filamentos de actina, gerando a tensão muscular; quanto mais retículo sarcoplasmático há na célula, maiores são as possibilidades de força.
( ) A expressão gênica no músculo é influenciada por diversos fatores, como carga mecânica, influência hormonal e neuronal e quebra do balanço energético.
( ) *Transcrição* é o nome do processo que ocorre no momento em que os ribossomos ligam os aminoácidos ao RNAm.
( ) As miofibrilas são organelas especializadas em fazer as células musculares se contraírem.

A sequência correta é:

a) V, V, V, V, V.
b) F, F, F, F, F.
c) V, V, V, F, V.
d) F, F, V, F, V.
e) V, F, V, F, V.

2. Quanto ao músculo esquelético e à bioenergética, assinale V (verdadeiro) ou F (falso):

( ) As fibras musculares são multinucleadas e apresentam diferentes perfis relacionados à sua velocidade contrátil e ao seu metabolismo.
( ) O músculo esquelético é um órgão capaz de converter energia mecânica em energia metabólica.
( ) A glicólise anaeróbia ocorre principalmente nas fibras oxidativas, o que limita o desempenho de força.
( ) O teste de potência crescente (incremental) avalia as possibilidades aeróbias do músculo.
( ) A creatina tem a função de transportar fosfatos.

A sequência correta é:

a) F, F, F, V, V.
b) V, V, V, F, F.

c) V, F, F, V, V.
d) F, V, F, V, V.
e) V, V, F, V, V.

3. Quanto ao sistema cardiovascular e ao desempenho aeróbio, analise as seguintes afirmativas:

I. O $VO_{2\,máx}$ é o melhor indicador de resistência do atleta.
II. O limiar anaeróbio é o melhor indicador de resistência do atleta.
III. Em geral, o coração não limita o desempenho de resistência.
IV. O débito cardíaco é o principal fator que limita a resistência do atleta.

Agora, assinale a alternativa que indica as afirmativas corretas:

a) I e II.
b) II e III.
c) I, II e III.
d) II e IV.
e) I e IV.

4. Quanto ao conceito de limiar em testes de resistência, analise as seguintes afirmativas:

I. O limiar aeróbio é o momento em que as fibras glicolíticas entram no trabalho.
II. O limiar anaeróbio é o momento em que as fibras glicolíticas são recrutadas e o lactato começa a crescer exponencialmente na corrente sanguínea.
III. O limiar aeróbio atesta o momento em que todas as fibras musculares oxidativas foram recrutadas.

Agora, assinale a alternativa que indica as afirmativas corretas:

a) II e III.
b) I e II.
c) I e III.

d) I, II e III.
e) Nenhuma das afirmativas está correta.

5. Quanto ao sistema endócrino e ao papel dele no exercício, analise as seguintes afirmativas:
   I. O sistema endócrino trabalha em conjunto com o sistema nervoso para controlar a homeostase.
   II. Entre os eixos endócrinos mais importantes no contexto do exercício estão o eixo hipotalâmico hipofisário gonadal, o eixo hipotalâmico hipofisário tireoidiano e o eixo hipotalâmico hipofisário adrenal.
   III. Alguns hormônios estão diretamente relacionados com os processos de adaptação aguda e crônica do organismo, principalmente agindo por meio de segundos mensageiros ou influenciando diretamente a expressão gênica.

   Agora, assinale a alternativa que indica as afirmativas corretas:
   a) I e II.
   b) I e III.
   c) II e III.
   d) I, II e III.
   e) Nenhuma das afirmativas está correta.

Atividades de aprendizagem

Questões para reflexão

1. Se uma pessoa busca aumentar a massa muscular e o desempenho de força, quais são as adaptações que devem ocorrer em seus músculos e quais são os mecanismos do processo de adaptação?

2. Por que as capacidades do coração, na maioria dos casos, não limitam o desempenho de resistência?

Atividade aplicada: prática

1. Considere, caro leitor, o seguinte cenário: você está trabalhando com um atleta de handebol. Sabemos que os jogadores dessa modalidade precisam ser fortes, potentes, velozes e resistentes. Pesquise sobre os mecanismos fisiológicos determinantes no desempenho dessas capacidades. Em seguida, indique quais variáveis fisiológicas você buscaria manipular com o treinamento com o intuito de melhorar o desempenho desse atleta.

145
146
147
148
10
11

Capítulo 3

Fundamentos pedagógicos para a prescrição de exercício físico

No **Capítulo 2**, concentramos a atenção em questões pertinentes à biologia e à fisiologia do exercício. Compreender os mecanismos biológicos com certeza é indispensável para uma prescrição que atenda às diversas demandas de diferentes populações de praticantes de exercício físico. No entanto, apesar de os conceitos biológicos serem extremamente importantes, um biólogo não é um professor de educação física.

Um dos pontos mais relevantes que diferenciam o professor de educação física de outros profissionais da área da saúde no que concerne à capacidade de prescrever e orientar programas de treinamento está na sistematização e integração de conteúdos biológicos, psicológicos e sociais em forma de conceitos e princípios pedagógicos, que ajudam esse profissional a manipular as mais diversas variáveis do organismo com o intuito de resolver as tarefas da educação física. Tendo isso em vista, neste capítulo discutiremos os princípios da educação física e do treinamento, os meios e os métodos, a carga de treinamento, entre outros temas que servem de base para qualquer professor elaborar uma aula ou sessão de treinamento.

3.1 Princípios da educação física e do treinamento

Na pedagogia da educação física, o termo *princípio* pode ser entendido como as mais importantes e essenciais posições teóricas que refletem a natureza ou as leis que regem a educação. De forma simplificada, podemos dizer que princípio é um conjunto bem estabelecido de regras e exigências que direcionam a atividade e os esforços entre o professor/treinador e o aluno/atleta para garantir o alcance do objetivo planejado (Neverkovich, 2006).

Existem princípios mais generalizados que determinam o funcionamento ou os objetivos gerais da educação física como um todo. Esse grupo pode ser chamado de *princípios gerais sociais e pedagógicos do sistema de educação física*; apesar de serem princípios importantes que todo profissional de educação física deve conhecer e aplicar, eles são ainda mais relevantes na educação física escolar. Além disso, há ainda um segundo grupo de princípios um pouco mais específicos, que não se referem aos objetivos gerais da educação física na vida do ser humano, e sim refletem posições teóricas a respeito das sessões de treinamento propriamente ditas. Esse segundo grupo pode ser denominado *princípios da educação física e do treinamento* (Kholodov; Kuznetsov, 2003; Geletsky, 2008; Matveev, 2008; Makcimenko, 2009; Vinogradov; Okunkov, 2015).

3.1.1 Princípios gerais sociais e pedagógicos da educação física

Neste ponto, abordaremos de modo sintético, com base em noções que são consenso na literatura russa (Kholodov; Kuznetsov, 2003; Geletsky, 2008; Matveev, 2008; Makcimenko, 2009; Vinogradov; Okunkov, 2015), o primeiro grupo de princípios citado anteriormente.

Esse grupo é composto por três princípios:

1. princípio do desenvolvimento harmônico e multifacetado da personalidade (do indivíduo);
2. princípio da relação da educação física com a vida prática (aplicabilidade);
3. princípio da saúde.

O **princípio do desenvolvimento harmônico e multifacetado da personalidade (do indivíduo)** estabelece que as aulas de educação física e o processo de treinamento não somente devem promover o aperfeiçoamento das capacidades físicas e o aprendizado de habilidades motoras, como também devem garantir certa influência em outras esferas (mental, psicológica, moral, estética etc.).

Para assegurar a influência multifacetada da educação física, o professor deve observar as seguintes orientações:

a. Ao resolver as diferentes tarefas da educação física e do treinamento, o treinador não pode ignorar outros aspectos do processo de educação (princípios éticos e morais, aperfeiçoamento cognitivo etc.).

b. No processo de treinamento, independentemente da especialização esportiva, o treinador deve dedicar atenção tanto à preparação especial quanto à preparação geral, pois somente assim se consegue obter um desenvolvimento harmônico.
c. O treinador deve utilizar uma ampla gama de métodos de treinamento, tanto de influência verbal quanto demonstrativa e prática.
d. O treinador deve ensinar técnicas de diversos esportes, pois o mais adequado é que a criança tenha um grande repertório motor.
e. O treinador deve variar a sessões de treinamento tanto pelo conteúdo quanto pela forma, pela grandeza da carga etc.

Ainda sobre o princípio do desenvolvimento harmônico e multifacetado da personalidade, ganha destaque a utilização do esporte como um meio fundamental de resolver diversas tarefas relativas ao desenvolvimento do indivíduo.

O **princípio da relação da educação física com a vida prática**, ou simplesmente **princípio da aplicabilidade**, determina uma ação de transferência positiva dos efeitos causados pelo exercício físico na vida do indivíduo. Nesse contexto, tem destaque a vida profissional, visto que qualquer atividade humana é executada em certo fundo psicofisiológico. Em outras palavras, quanto melhor o condicionamento do indivíduo, maior a tendência para que ele apresente um sobressalente desempenho no trabalho e um menor risco de ficar doente ou faltar ao trabalho. Não é à toa que na atualidade tantas empresas lançam mão da prática da ginástica laboral. Além disso, também é muito comum a prática do treinamento funcional para ajudar as pessoas a melhorar o próprio desempenho e a qualidade de vida, considerando-se as tarefas específicas que essas pessoas desenvolvem no cotidiano laboral. Ainda nesse contexto, vale ressaltar que existem profissões em que o princípio da aplicabilidade tem um peso ainda maior; por exemplo, a prática de artes marciais e o treinamento físico para militares pode acrescentar um valor inestimável para um bom desempenho profissional.

O **princípio da saúde** prevê que os exercícios executados para resolver as mais diversas tarefas das aulas de educação física devem proporcionar efeito benéfico à saúde do indivíduo. Para evitar que os exercícios físicos acarretem malefícios à saúde, é importante que o profissional de educação física respeite algumas posições, tais como:

a. Antes de iniciar qualquer programa de treinamento, é necessário que o aluno passe por avaliação física e médica.
b. Ao escolher os exercícios físicos, é fundamental que o professor adote como critério de seleção o efeito positivo que o exercício tem sobre a saúde do indivíduo. Por exemplo, sabe-se que exercícios aeróbios promovem benefícios para o sistema cardiovascular, no controle da pressão arterial e na oxidação de lipídeos. Porém, em alguns casos, como o de pessoas obesas, recomendar atividades aeróbias na piscina ou em bicicleta estacionária pode ser uma opção melhor do que indicar corrida, dado que a corrida causa grande impacto, fato que pode ser um empecilho para a saúde articular do indivíduo em razão do sobrepeso.
c. É importante que o professor determine a grandeza da carga de treinamento de acordo com o nível de condicionamento do indivíduo, pois o que é ideal para algumas pessoas pode ser demasiado para outras. Infelizmente, é muito comum na atualidade que os indivíduos copiem treinamentos de atletas e pessoas famosas por meio das redes sociais. Por exemplo, uma moça de 15 anos que inicia as atividades em uma academia pode ter problemas ao tentar reproduzir o treinamento de uma musa *fitness* conhecida na internet.

d. É fundamental que o programa de treinamento combine exercícios físicos com outros fatores benéficos à saúde (ambientais, nutricionais etc.). Sabe-se que o exercício é um estímulo importante para promover determinadas mudanças orgânicas, mas fatores como uma boa alimentação e sono adequado são tão importantes quanto os exercícios. Além disso, existem fatores ecológicos e ambientais que são essenciais para a saúde, tais como respirar ar puro e limpo e tomar sol. É interessante, por exemplo, que o professor recomende exercícios aeróbios ao ar livre em parques bem arborizados em horários do dia em que a radiação solar seja benéfica.
e. O professor deve rejeitar a ideia da "vitória a qualquer custo" ou a da "beleza a qualquer custo". Tanto atletas profissionais quanto praticantes amadores de exercícios podem provocar malefícios à própria saúde quando buscam objetivos a qualquer custo, ou seja, ao tentarem superar um obstáculo mediante o emprego de qualquer meio. Um dos exemplos mais comuns disso é a utilização de drogas para aumento do desempenho físico, ganho de massa muscular, emagrecimento etc. Com muita frequência, os efeitos colaterais dessas substâncias podem ser fatais.

3.1.2 Princípios da educação física e do treinamento

Neste ponto, abordaremos de modo sintético, novamente com base em noções que são consenso na literatura russa (Kholodov; Kuznetsov, 2003; Geletsky, 2008; Matveev, 2008; Makcimenko, 2009; Vinogradov; Okunkov, 2015), o segundo grupo de princípios mencionado anteriormente.

Esse grupo é constituído por cinco princípios:

1. princípio da conscientização e da atividade;
2. princípio da visualização;

3. princípio da acessibilidade e da individualização;
4. princípio da sistematização;
5. princípio da progressividade.

O **princípio da conscientização e da atividade** está relacionado com a capacidade de o indivíduo compreender a essência da educação física e a importância dela na própria vida. Nesse contexto, é necessário que o indivíduo tome conhecimento das leis (pedagógicas, biológicas etc.) que regem a educação física e as utilize de forma racional nas próprias atividades e de acordo com as exigências, principalmente físicas, que existem na vida profissional e pessoal.

De forma resumida, esse princípio tem a função de formar no praticante uma profunda relação de assimilação e interesse estável com as aulas de educação física e a prática de exercícios físicos regulares ao longo da vida. Para realizar essa tarefa, algumas posturas também devem ser colocadas em prática pelo professor, tais como:

a. Sistematicamente, o professor deve informar o aluno, construir conhecimentos com ele, por meio de uma linguagem simples e objetiva, a respeito da importância do exercício físico para a saúde, bem como sobre os diversos meios e métodos que podem ser empregados para resolver as tarefas do processo de treinamento.
b. O professor deve fazer com que os alunos executem por conta própria aquilo que aprenderam para resolver as diversas tarefas.
c. O professor deve criar nos praticantes interesse e motivação para que eles mantenham as atividades para o resto da vida.

O **princípio da visualização** é bastante aplicado no processo de ensino de movimentos e está atrelado às sensações e percepções diversas para as quais se utilizam os mais variados analisadores e receptores corporais (proprioceptores musculares e articulares, aparelho vestibular, visão etc.). A proposta é que o praticante tenha a possibilidade de observar e sentir tudo o que está relacionado com os exercícios. Por isso, esse princípio demanda basicamente a criação de um modelo imaginário visual, sinestésico e motor da ação ou técnica estudada, com o intuito de acelerar o processo de ensino e aprendizagem.

Nesse contexto, é importante que o professor lance mão de uma gama considerável de informações. Podemos destacar: a demonstração da ação motora ou técnica esportiva por parte do professor; a reprodução do movimento parcial por parte do aluno (método analítico-sintético); a reprodução total da ação (método integral); a utilização de vídeos pedagógicos, para o entendimento dos movimentos por parte do aluno; a realização de filmagens da execução dos exercícios para posterior visualização e indicação de erros; o uso do metrônomo em esportes ou atividades que exijam ritmo etc.

O **princípio da acessibilidade e da individualização** estabelece que as cargas de treinamento promovidas pelos exercícios físicos devem ser elaboradas considerando-se obrigatoriamente as possibilidades individuais do praticante, tais como nível de preparo, experiência motora com a atividade concreta, perfil morfológico e características genéticas. Desse modo, as cargas de treinamento devem ser acessíveis a cada indivíduo. Portanto, esse princípio garante, em primeiro lugar, a aplicação ótima de carga para cada pessoa com o intuito de desenvolver as capacidades físicas e novas habilidades motoras. Em segundo lugar, assegura que sejam prevenidos possíveis malefícios para o organismo como consequência de cargas de treinamento excessivas.

O **princípio da sistematização** determina que as cargas de treinamento promovidas pelo exercício físico devem ser regulares. Quando uma pessoa executa uma sessão de exercícios físicos, se a carga de treinamento for suficiente para causar estresse, quebrando a homeostase do organismo, certos efeitos negativos momentâneos surgirão. Por exemplo, em uma sessão de treinamento de força voltada para hipertrofia muscular, durante e logo após o treinamento são observados efeitos catabólicos por meio das microlesões acarretadas pelo exercício nas fibras musculares. Esse efeito faz com que a capacidade de trabalho do indivíduo caia após o treino e se mantenha "oprimida" por um ou alguns dias. Paralelamente a isso, o estresse suscitado pelo treinamento de força causa reações adaptativas no organismo que reparam o tecido muscular e, como consequência, aumentam a força do indivíduo. No entanto, esse aumento só é bem evidenciado quando várias sessões de treinamento são aplicadas após o tempo de recuperação adequado. Quando o treinamento não é repetido na hora certa, as mudanças positivas podem não ser observadas. Nesse contexto, tanto o treinamento aplicado com uma frequência excessiva e sem o descanso adequado entre as sessões quanto o treinamento repetido com intervalos muito grandes podem ser negativos.

O **princípio da progressividade** indica que o processo adaptativo em face das cargas de treinamento só acontece quando, em cada nova etapa de aperfeiçoamento, o treinamento apresenta ao organismo do indivíduo exigências próximas dos limites das possibilidades funcionais dessa pessoa. Esse processo adaptativo determina o fluxo efetivo de mudanças orgânicas que aumentam o desempenho do praticante; contudo, como se sabe, a cada "degrau" que o indivíduo sobe no nível de condicionamento, o treinamento também deve aumentar a influência sobre o organismo, a fim de estimular novamente os processos adaptativos e, consequentemente, promover um novo nível de preparo mais elevado. Como exemplo podemos citar a prática de treinamento em academias de musculação, quando ao longo do processo os pesos manipulados são aumentados. Outro ótimo exemplo é o treinamento de corrida de rua, em que a cada etapa os corredores buscam percorrer distâncias maiores e em menor tempo.

3.2 Meios de treinamento

Podemos entender *meio* como alguma força real, necessária para a realização de determinado objetivo. Em outras palavras, é o modo, o recurso, o veículo ou algo análogo usado para chegar a certo fim. Por exemplo, para tratar determinada doença, o meio pode ser um medicamento oral; para viajar de um continente a outro, o meio pode ser o avião. No caso do treinamento físico, o meio pelo qual se realizam as tarefas para serem atingidos determinados objetivos é o exercício físico.

O **exercício físico** nada mais é do que qualquer ação motora executada conscientemente e que considere os princípios da educação física com o objetivo de propiciar efeitos positivos ao indivíduo, tanto em relação à saúde quanto em relação a efeitos de natureza social, psicológica, biológica etc. (Makcimenko, 2009).

Para entender melhor do que são compostos os exercícios, é preciso compreender conceitos como conteúdo, forma, técnica e classificação dos exercícios por meio de diferentes critérios.

3.2.1 Conteúdo, forma e técnica dos exercícios físicos

Tanto o conteúdo quanto a forma são categorias filosóficas que conferem significado ao conjunto de elementos de qualquer objeto ou fenômeno pertencente à realidade. Assim, essas categorias refletem a constituição do objeto de estudo, ou seja, suas particularidades internas e externas. Nesse contexto, o exercício físico, como objeto de estudo, apresenta conteúdo e forma (Matveev, 2008; Makcimenko, 2009).

O **conteúdo** do exercício físico é constituído pelo conjunto de processos e elementos que configuram um exercício concreto e caracteriza-se como interno ou externo. O conteúdo interno pode ser entendido como o grupo de processos psicofisiológicos, bioquímicos e biomecânicos que se desenrolam no organismo durante a execução de algum exercício. Quando uma pessoa executa um exercício de levantamento de peso máximo, corre uma prova de 800 metros, faz ginástica localizada, musculação ou qualquer outro tipo de exercício físico, em cada caso concreto os mecanismos de abastecimento energético e os sistemas cardiovascular, respiratório e endócrino se comportam de uma forma particular. Desse modo, diferentes qualidades e manifestações físicas e psíquicas são exigidas. Já o conteúdo externo pode ser concebido como o conjunto de elementos ou fases que formam um exercício físico. Por exemplo, o salto em distância é composto por corrida de aproximação, repulsão na tábua, fase aérea e aterrissagem; de modo análogo, podemos dividir em vários componentes as ações de uma prova de natação ou mesmo um exercício típico de musculação.

A **forma** do exercício físico é entendida como uma determinada ordem ou processo que acontece no organismo, tal como os elementos e o conteúdo, e que confere integridade estrutural e organização externa ao exercício físico. Nesse contexto, o elevado nível de concordância e a correspondência entre o conteúdo e a forma do exercício físico se expressam na técnica do exercício físico e a caracterizam. Podemos entender a **técnica** como uma forma efetiva de resolução das tarefas motoras que se realiza com base na correlação ótima entre todas as características e condições concretas dessa técnica. Em outras palavras, é a forma integrada de construção do movimento do praticante de exercícios físicos (Ratov et al., 2007; Fiskalov, 2010; Popov; Samsonova, 2011).

Considerando-se o conteúdo, a forma e a técnica do exercício físico, é possível compreender quais tarefas esse exercício pode resolver. Por exemplo, ao observarmos um corredor velocista executando um exercício de corrida puxando um trenó, um praticante de musculação fazendo o exercício supino ou mesmo uma criança realizando exercícios ginásticos na aula de educação física, podemos entender quais músculos são mais trabalhados, quais sistemas fisiológicos são mais exigidos etc. Tendo isso em vista, os exercícios físicos podem ser classificados em vários grupos, de acordo com certos critérios.

3.2.2 Classificação dos exercícios físicos

A classificação dos exercícios físicos é dada pela distribuição deles em diferentes grupos típicos de acordo com diferentes indicadores. Os indicadores podem ser muito variados, contudo só é racional selecionar (ação empreendida pelo professor, treinador ou pesquisador) um indicador como critério quando tal indicador apresenta certa aplicabilidade pedagógica.

Na literatura, quando se utilizam como critério os indicadores históricos, é comum que os exercícios sejam divididos em exercícios ginásticos e jogos. No entanto, quando se procura usar como critério os indicadores voltados para a resolução das tarefas do treinamento, pode ser estabelecida outra classificação. Nessa direção, os exercícios físicos podem ser classificados conforme os seguintes critérios: critério de indicadores anatômicos; critério de indicadores do treinamento das capacidades físicas; critério de indicadores da estrutura biomecânica dos movimentos; critério de indicadores das zonas de intensidade fisiológicas; critério de indicadores de especialização esportiva (Suslov; Cycha; Shutina, 1995; Vovk, 2007; Makcimenko, 2009).

Conforme o **critério de indicadores anatômicos**, os exercícios podem ser divididos e/ou direcionados para os membros superiores, os membros inferiores e o tronco. Ainda segundo o mesmo critério, podem ser subdivididos em grupamentos musculares concretos (exercícios para bíceps, deltoides, gastrocnêmio etc.). Esse critério é amplamente aplicado na musculação e em aulas de ginástica localizada. Nesse contexto, o objetivo mais comum é buscar o fortalecimento de determinados segmentos, articulações e músculos; porém, é possível visar também à resistência muscular local, ao alongamento para mobilidade etc.

O grupo de exercícios classificados conforme o **critério de indicadores do treinamento das capacidades físicas** é mais utilizado para resolver tarefas específicas relacionadas com a *performance* de atletas. Esses exercícios podem ser direcionados e/ou subdivididos da seguinte forma:

- exercícios de força-velocidade – *sprints* (corridas em alta velocidade), saltos, levantamentos de peso;
- exercícios cíclicos de resistência – corrida de intensidade moderada de longa duração, ciclismo, remo, natação etc.;
- exercícios de alta exigência coordenativa do movimento – exercícios ginásticos em geral, saltos ornamentais etc.

Também entram nesse grupo os exercícios conhecidos como *educativos* para determinadas técnicas de diferentes esportes, além dos exercícios que exigem a manifestação complexa e integrada de diferentes capacidades físicas e habilidades motoras – comuns na prática de alguns esportes, como nos jogos desportivos e nas lutas.

No âmbito do **critério de indicadores da estrutura biomecânica dos movimentos**, destacam-se os seguintes tipos de exercícios:

- exercícios cíclicos – aqueles nos quais os ciclos de movimento se repetem, tais como corrida, ciclismo e remo;
- exercícios acíclicos – aqueles em que os ciclos de movimento não se repetem o tempo todo, como em jogos esportivos e lutas;
- exercícios combinados – aqueles que, como o próprio nome indica, combinam exercícios cíclicos e acíclicos, como a técnica do salto com vara.

Segundo o **critério de indicadores das zonas de intensidade fisiológicas**, destacam-se exercícios de potência moderada, alta, submáxima e máxima. Via de regra, esses exercícios são usados principalmente (não exclusivamente) para resolver as tarefas do treinamento de resistência. A utilização de parâmetros como frequência cardíaca, VO_2, limiares e lactato sanguíneo é frequente.

Conforme o **critério de indicadores de especialização esportiva**, os exercícios são divididos em quatro grupos: 1) gerais; 2) semiespeciais; 3) especiais; e 4) competitivos. Esse critério é basicamente uma maneira de escolher os exercícios para determinada modalidade esportiva.

Os exercícios ou meios de preparação geral são aqueles que servem para o desenvolvimento harmônico e multifacetado do organismo do atleta. Eles podem estar em conformidade parcial com as particularidades da modalidade esportiva, dependendo da tarefa a ser resolvida na sessão ou no processo de treinamento.

Os exercícios ou meios de preparação semiespecial são compostos de ações motoras que criam fundamento para o desenvolvimento mais avançado em dada atividade esportiva.

Os exercícios ou meios de preparação especial abrangem todo o espectro de meios que envolvem elementos e ações os quais se aproximam ao máximo da atividade competitiva. O critério de similaridade, ou seja, o entendimento de como os exercícios se aproximam ou se assemelham à atividade competitiva, considera a forma, a estrutura e o caráter de manifestação tanto das capacidades físicas quanto da atividade funcional dos sistemas do organismo durante a prática de certa modalidade ou disciplina esportiva.

Por fim, os exercícios competitivos são resultado da execução de um complexo de ações motoras que está em correspondência com as regras da competição. Veremos mais detalhes sobre os exercícios gerais, especiais e competitivos no Capítulo 6.

É importante ter em mente que, apesar de os grupos de exercícios físicos serem classificados segundo critérios referentes à efetividade pedagógica, essa classificação existe apenas com o intuito de orientar o treinador ou professor na seleção dos meios mais eficientes e de facilitar a comunicação. Embora existam grupos distintos, um mesmo exercício pode pertencer simultaneamente a diferentes grupos. Por exemplo, para um jogador de futebol, o exercício de agachamento pode ser concebido como um meio de preparação geral e para o treinamento da capacidade física força nos membros inferiores. De forma análoga, a corrida cíclica, em intensidade alta, pode ser um meio de preparação especial para atletas corredores de meio fundo.

Outro detalhe importante que por vezes é tópico de discussão entre professores de educação física se refere à utilidade dos exercícios. É comum, por exemplo, que profissionais mais adeptos ao treinamento de força sejam contra a utilização de exercícios aeróbios cíclicos de intensidade moderada por entendê-los como exercícios "catabólicos". Da mesma forma, é comum que dançarinos e atletas de ginastica rítmica não gostem de exercícios de força por acreditarem que prejudicam a flexibilidade. Ainda há outras questões controversas, como a efetividade de exercícios de ação global multiarticulares e em cadeia cinética em comparação com exercícios locais uniarticulares e em cadeia cinética aberta.

Em nosso ponto de vista, tudo aquilo que for considerado exercício, sendo respeitados os conceitos de exercício que apresentamos nesta seção e no Capítulo 1, é benéfico. Todavia, como já vimos, é necessário que se compreenda a natureza do exercício, ou seja, para que ele serve ou qual tarefa do treinamento ele resolve. Em virtude da falta de conhecimento, inúmeros mitos acabaram sendo criados; por exemplo, durante longo tempo, técnicos e jogadores de futebol acreditaram que o treinamento de força tornava o jogador lento, mas esse mito se formou em razão de erros metodológicos quanto ao período de recuperação adequado. Sabe-se que a força é a condição básica para que um atleta seja veloz. Entretanto, a aplicação de um treinamento de hipertrofia sem a análise prévia da especificidade do movimento, isto é, das particularidades da coordenação neuromuscular, e sem a aplicação do tempo necessário de descanso entre uma sessão e um jogo de futebol pode acabar levando à diminuição temporária da capacidade de trabalho do atleta.

3.3 Métodos de treinamento

Anteriormente, vimos que o exercício físico é um meio empregado para resolver tarefas a fim de atingir determinado objetivo. Dessa maneira, o exercício físico deve promover uma série de mudanças psicofísicas, que são responsáveis pelo desenvolvimento das capacidades físicas. A natureza dessas mudanças psicofísicas define a especificidade do processo adaptativo, fato que reflete diretamente nas capacidades físicas e no aprendizado de habilidades. A resistência, por exemplo, é melhorada quando o exercício físico promove certo grau de fadiga no organismo; por outro lado, a rapidez nem sempre pode ser melhorada nessa condição. Portanto, no treinamento desportivo, não basta apenas selecionar um meio (exercício), é preciso também saber em qual intensidade executá-lo, quantas vezes repeti-lo, dar a pausa adequada entre os estímulos para garantir as melhores condições para o aperfeiçoamento das capacidades, bem como saber executar a técnica do exercício.

Seguindo esse raciocínio, podemos citar como exemplo a corrida, que pode ser executada de forma intermitente, contínua, com mudanças de direção, em diferentes velocidades e por diferentes distâncias; cada variação é característica de um método específico. Logo, podemos definir *método de treinamento* como a forma de aplicação do meio para a resolução de determinada tarefa. A categoria de métodos aplicados ao treinamento desportivo reflete o nível de desenvolvimento do conjunto de ciências que estudam o esporte e o exercício. Os métodos de treinamento podem ser divididos em três grupos principais: 1) métodos de influência verbal; 2) métodos de influência demonstrativa (ou demonstrativos); e 3) métodos de influência prática (Zakharov; Gomes, 2003; Matveev, 2008; Platonov, 2015).

Os **métodos de influência verbal** estão relacionados com diálogo, explicação, discussão, análise e até mesmo aula. Em outras palavras, esse é o método didático e pedagógico utilizado pelo treinador ou professor para fazer com que o atleta entenda a tarefa de treinamento ou competição.

Os **métodos demonstrativos**, como o próprio nome indica, estão relacionados com a demonstração por parte do professor ou treinador para o aprendizado dos alunos ou atletas. Geralmente, nas primeiras etapas do processo de treinamento, o método demonstrativo se baseia em ilustrar ou representar como executar o exercício físico (técnico), tanto parcialmente quanto integralmente. Esse método tem destaque no ambiente escolar quando o professor ensina os movimentos diversos nas aulas de educação física, com o mesmo intuito; também é muito produtivo para qualquer atividade de iniciação, seja na academia, seja em aulas de ginástica, seja na natação etc. (Savin, 2003).

Quando se trata de indivíduos que já apresentam elevado nível de experiência motora, principalmente atletas, os métodos demonstrativos abrangem questões mais profundas e complexas. Exemplificam o exposto o caso de um treinador de basquetebol ou futebol que, com um quadro ou prancheta reproduzindo o campo de jogo, explica as funções táticas de cada jogador; a filmagem e a análise biomecânica do nado ou da corrida de um atleta, com posterior visualização e indicação dos erros, assim como correção por parte do treinador; a edição de vídeos sobre o modelo de jogo da equipe adversária nos jogos desportivos (Savin, 2003).

O grupo de **métodos de influência prática** apresenta três divisões e algumas subdivisões, descritas na sequência: 1) método de exercício regulamentado; 2) método de jogo; e 3) método competitivo.

Método de exercício regulamentado

O método de exercício regulamentado apresenta grandes possibilidades pedagógicas que permitem ao especialista (treinador):

- organizar a atividade motora do praticante na base de um programa prescrito (escolha do exercício, relação, combinação etc.);
- regulamentar rigorosamente a carga de treinamento pela relação de volume, intensidade, intervalo de descanso, assim como a gestão da dinâmica da carga em dependência do estado psicológico do atleta;
- desenvolver seletivamente qualquer capacidade física ou parte do corpo;
- ensinar efetivamente a técnica do exercício.

Dessa maneira, esse método possibilita ao treinador, além de organizar detalhadamente o processo de treinamento e resolver de maneira objetiva tarefas específicas da educação física, fazer o controle pedagógico. Nesse contexto, o método de exercício regulamentado pode ser subdividido em método de ensino das ações motoras e método de treinamento das capacidades físicas.

Por sua vez, o **método de ensino das ações motoras** pode ser subdividido do seguinte modo:

- **Método dividido ou analítico sintético** – Trata-se do método de ensino da técnica do exercício em partes, geralmente utilizado em técnicas de alta complexidade e de difícil reprodução com base na imitação. São exemplos claros da aplicação desse método no ambiente esportivo os arremessos e lançamentos no atletismo , os elementos técnicos na ginástica e o levantamento de peso. Esse método também pode ser empregado no ensino e na correção de fundamentos técnicos nos jogos esportivos. Contudo, é importante frisar que a prática de exercícios divididos em fases deve acontecer de forma paralela ao método integral. Aqui ganha destaque também a formação de bases orientadas da ação e dos pontos fundamentais de apoio, conceitos que abordaremos no Capítulo 4.

- **Método integral** – É o método de ensino e aperfeiçoamento da técnica com base na imitação e na reprodução da forma mais qualitativa possível. Esse método é indispensável, sendo aplicado simultaneamente ao método analítico sintético.
- **Método conectado ou combinado** – Esse método é composto de diversos exercícios integrados que, em sua essência, além de buscarem ensino ou aperfeiçoamento técnico, exigem grandes esforços físicos, servindo também para o treinamento das capacidades físicas. Podemos citar como exemplo algumas ações técnicas da ginástica artística (salto sobre o cavalo, técnicas nas argolas etc.).

Quanto ao **método de treinamento das capacidades físicas,** ele pode ser subdividido em: método contínuo; método contínuo variável; método intervalado; método de repetição; circuito; método de repetição máxima; e método Isoton.

A característica principal do **método contínuo** é a manutenção da intensidade no decorrer da execução do exercício. Geralmente, é utilizado em modalidades cíclicas de resistência, como natação, corrida e ciclismo, mas pode ser empregado também em outras modalidades com o objetivo de melhorar a resistência geral do indivíduo. Os parâmetros que, via de regra, são usados para o controle são a frequência cardíaca e a velocidade de deslocamento. Segundo alguns especialistas, o método contínuo é mais eficiente quando se treina na frequência cardíaca e velocidade de execução correspondentes ao limiar anaeróbio e de duração superior a 30 minutos, podendo chegar até a horas de execução. As adaptações mais expressivas ocorrem no sistema cardiovascular com correspondente aumento no consumo máximo de oxigênio (Myakinchenko; Seluianov, 2009; Eliceev; Kulik; Seluianov, 2014).

Ressaltamos, entretanto, que o método contínuo não é tão eficiente quanto o método intervalado no aumento do limiar anaeróbio. Por isso, é importante ter em mente que o treinamento contínuo tem grande significado para a melhora do volume sistólico do coração, principalmente quando, no exercício, são recrutados muitos músculos e a frequência cardíaca varia entre 140 e 160 BPM (batimentos por minuto) (Myakinchenko; Seluianov, 2009; Eliceev; Kulik; Seluianov, 2014).

O **método contínuo variável** é um método contínuo (ininterrupto) com discretas variações de intensidade (velocidade) que, em alguns momentos, superam a intensidade equivalente ao limiar anaeróbio. Também é utilizado principalmente em modalidades cíclicas de resistência com o objetivo de aumentar o consumo de oxigênio no nível do limiar anaeróbio (Zakharov; Gomes, 2003).

O **método intervalado** é caracterizado pela execução do exercício em alta intensidade e com pausas (ativas ou passivas) de recuperação incompleta. Em geral, a pausa permite ao atleta executar as próximas repetições de tiros de corrida ou série de exercícios em alta intensidade, no entanto percebe-se claramente, no decorrer dos estímulos, o acúmulo da fadiga causada pela recuperação incompleta entre os estímulos. Exemplo 1: 100 metros de corrida em velocidade submáxima por 100 metros de trote, repetindo-se o estímulo 15 vezes. Exemplo 2: pedalar por 2 minutos na máxima intensidade sustentável e pedalar devagar (recuperando) por 1 a 2 minutos (Gibala et al., 2012; Buchheit; Laursen, 2013; Scribbans et al., 2014; Edgett et al., 2016; Inoue et al., 2016; Casuso et al., 2017; MacInnis; Gibala, 2017).

O método intervalado é muito usado para aumentar o limiar anaeróbio, a resistência especial e, em alguns casos, também a força muscular. Vale destacar que ele é considerado, hoje em dia, uma das melhores formas de se elevar o limiar anaeróbio, visto que a alta intensidade recruta as fibras rápidas e ativa mecanismos de cascatas de sinalização que favorecem a biogênese mitocondrial nessas fibras (Gibala et al., 2012; Buchheit; Laursen, 2013; Scribbans et al., 2014; Edgett et al., 2016; Inoue et al., 2016; Casuso et al., 2017; MacInnis; Gibala, 2017).

O **método de repetição** é caracterizado pela execução do exercício em alta intensidade e com pausas (ativas ou passivas) de recuperação completa que permitam a execução da próxima série ou repetição de exercício na mesma intensidade. Exemplo: 10 tiros de 400 metros para 1 minuto de execução e 5 a 10 minutos de pausa. Esse método também estimula os mecanismos de aumento da densidade mitocondrial (Casuso et al., 2017), porém é mais utilizado no esporte com o intuito de se trabalhar não somente a resistência, mas também noções de ritmo, tática etc. (Platonov, 2015).

O **circuito** é um método que combina vários exercícios para resolver diferentes tarefas do treinamento. Exemplo: combinar de 6 a 10 exercícios de força para diferentes grupamentos musculares (agachamento, supino, remada, *stiff*, desenvolvimento, barra fixa), executando-se uma série em cada, sem pausas de descanso passivo. Nesse caso, o atleta trabalha, em uma única sessão de treinamento, a força de vários grupamentos musculares, sendo que a ausência de pausas passivas faz com que a frequência cardíaca se eleve (melhorando parâmetros de resistência); todavia, a qualidade de execução dos exercícios de força não sofre decréscimo significativo, uma vez que eles são indicados para distintos grupos musculares (Suslov; Cycha; Shutina, 1995).

O **método de repetição máxima** é bastante comum no treinamento de força realizado em academias. Consiste em executar séries de exercícios até a falha muscular concêntrica, ou seja, até que o exercício não possa mais ser repetido naquela série.

Via de regra, esse método apresenta variações de acordo com os objetivos; por exemplo, se o objetivo é aumentar a força máxima do atleta, o exercício é executado com peso próximo ao máximo, sendo que, dessa forma, a falha já acontece entre 2 e 5 repetições, aperfeiçoando-se principalmente os mecanismos de coordenação neuromuscular (Zatsiorsky; Kraemer, 2008). Por outro lado, quando o objetivo é a hipertrofia, as séries são um pouco mais longas (6 a 20 repetições) e com peso moderado-alto (60 a 80% da força máxima), promovendo fadiga metabólica evidente. Nesse caso, o acúmulo de íons H^+ e de lactato contribui com as respostas endócrinas mais expressivas (Kraemer; Ratames, 2006; Seluianov; Sarsania; Zaborova, 2012; Eliceev; Kulik; Seluianov, 2014); o baixo pH e o estresse mecânico promovem microlesões que ativam processos inflamatórios, os quais, por sua vez, ativam cascatas de sinalização para a expressão de genes relacionados com a hipertrofia (Akhmetov, 2009; Mooren; Völker, 2012).

O **método Isoton** é utilizado no esporte como um mecanismo de aumento de força por meio da hipertrofia seletiva das fibras musculares lentas, contribuindo para o aumento tanto da *performance* de resistência quanto de força. Já para pessoas que buscam qualidade de vida e saúde, o Isoton é um método que promove grandes respostas endócrinas sem necessariamente causar estresses cardíaco, muscular e articular (Myakinchenko; Seluianov, 2009; Eliceev; Kulik; Seluianov, 2014; Dias; Seluianov; Lopes, 2017).

Em geral, o método Isoton utiliza exercícios de ação global (que envolvem grande parte da massa muscular, como no caso do agachamento), executados com pesos pequenos e 20 a 50% da força de contração máxima. A execução é constituída de supersséries que combinam de 3 a 6 séries de 40 a 50 segundos de execução por 30 segundos de pausa. Ao longo da execução dos exercícios de musculação, a amplitude é um pouco reduzida com o intuito de evitar o relaxamento muscular, causando-se bloqueio isquêmico e consequente atividade de metabolismo anaeróbio em fibras oxidativas (Myakinchenko; Seluianov, 2009; Eliceev; Kulik; Seluianov, 2014; Dias; Seluianov; Lopes, 2017).

Método de jogo

O **método de jogo** busca promover a execução de ações motoras em condições de jogo, considerando-se regras, situações e todo um arsenal de fundamentos e ações técnico-táticas. Em outras palavras, o método de jogo propõe uma forma de organização em que o objetivo é alcançado levando-se em consideração a livre escolha das ações por parte dos jogadores. Nesse contexto, a liberdade das escolhas deve estar condicionada somente às regras do jogo. Por exemplo, no basquete, o jogador pode arremessar, driblar, correr, passar; ele escolhe o que fazer do jeito que desejar, desde que isso não infrinja as regras do jogo. Já em uma corrida de maratona, o atleta não pode "escolher" cortar o caminho ou algo semelhante. Vale observar que jogo não precisa ser necessariamente esporte; brincadeiras de estafeta também podem ser jogos. Obviamente, esse método é amplamente aplicado na preparação de atletas nos jogos esportivos (Sakharova, 2005a), mas também é bastante empregado com crianças cujo treino abrange a resolução de muitas tarefas, tema que discutiremos mais detalhadamente no Capítulo 4.

Método competitivo

O **método competitivo** propõe atividade competitiva organizada como forma de aumento do resultado do processo de treinamento. A aplicação desse método está relacionada com grandes exigências técnico-táticas, psicológicas e físicas que causam profundas mudanças nos mais importantes sistemas do organismo e estimulam os processos adaptativos, garantindo um aperfeiçoamento integral das diferentes faces do preparo. Na aplicação do método competitivo, é importante variar suas condições de realização, de modo a aproximá-lo ao máximo das exigências e contribuir para a resolução das tarefas estabelecidas. Esse método é muito utilizado na preparação de atletas de alto rendimento, principalmente em épocas próximas a competições de maior prestígio (Vovk, 2007; Rubin, 2009).

A seguir, observe a Figura 3.1, que retoma e sintetiza os métodos apresentados.

Figura 3.1 Conjunto de métodos de treinamento

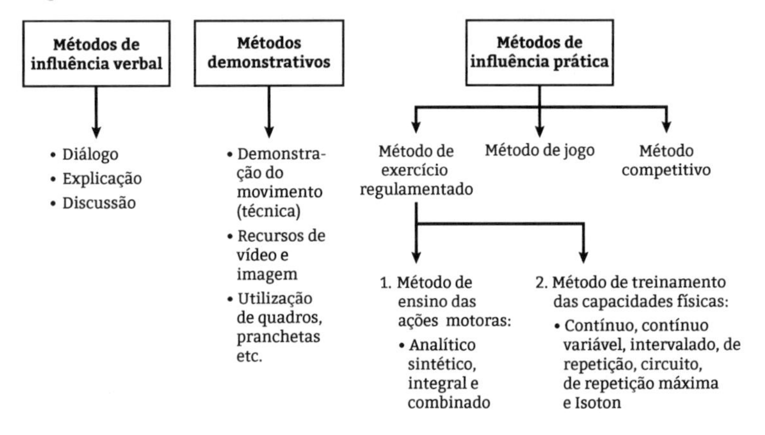

Fonte: Elaborado com base em Zakharov; Gomes, 2003; Fiskalov, 2010.

Os diversos métodos de treinamento descritos aqui apresentam ainda mais variações, pontos fortes e pontos fracos. A discussão a respeito da adequada aplicação de cada um será ampliada nos capítulos que abordam o treinamento para diferentes populações.

3.4 Carga de treinamento e descanso

Muitas vezes, alguns profissionais consideram a expressão *carga de treinamento* como sinônimo da expressão *carga mecânica*, mas os significados delas são completamente diferentes. Assim, muitos treinadores entendem que carga de treinamento é o peso a ser superado em uma barra ou halter; isso de certa forma tem causado uma confusão terminológica e, como consequência, distorcido o sentido de alguns conceitos. É comum hoje em dia muitas pessoas associarem o termo *intensidade* a treinamentos extenuantes e cansativos em salas de musculação; logo, dizem que um treinamento intenso é aquele no qual o sujeito experimenta grande fadiga muscular ao levar os músculos até a falha, sentindo grandes mudanças fisiológicas e sensações diversas, como náuseas e tonturas. No entanto, a expressão *carga de treinamento* já foi diferenciada de *carga mecânica* há décadas, sendo que os parâmetros da carga – volume e intensidade – têm conceitos bem fundamentados e esclarecidos na literatura científica. A seguir, veremos os argumentos que fundamentam a terminologia correta.

A **carga de treinamento** corresponde ao aumento da atividade funcional do organismo provocada pela execução de exercícios de treinamento e/ou pelo grau de superação de dificuldades (Godik; Skorodumova, 2010). Também pode ser definida como o grau de influência do exercício físico no organismo e que, consequentemente, eleva a atividade dos sistemas funcionais (Fiskalov, 2010). Em outras palavras, a carga de treinamento é um conceito que abarca o estresse, a quebra da homeostase e a resposta fisiológica do organismo ao exercício.

Na literatura (Fiskalov, 2010; Godik; Skorodumova, 2010), é possível ainda encontrar a seguinte diferenciação associada à expressão *carga*:

- **Carga externa** – É a medida quantitativa da influência do exercício físico no organismo humano. Essa medida se traduz por parâmetros como duração e nível de tensão do trabalho físico, superação de determinada distância, peso a ser superado, entre outros critérios.
- **Carga interna** – É representada pela grandeza das respostas e reações do organismo causadas pela execução de exercícios físicos. A carga interna é caracterizada por alguns indicadores concretos, principalmente fisiológicos,

como consumo excessivo de oxigênio pós-exercício, consumo de oxigênio máximo, frequência cardíaca e fadiga muscular.

A carga externa determina a carga interna, isto é, quanto maior a carga externa, maiores as mudanças no organismo. A inter-relação entre carga interna e externa serve para o julgamento do estado e do nível de condicionamento do indivíduo; por meio dessa análise, pode-se corrigir o processo de treinamento.

Em geral, o treinador e/ou professor opera os indicadores de carga externa; por exemplo, informa ao aluno com qual peso treinar, em que velocidade nadar ou correr etc. Por isso o entendimento completo da carga só se dá com a determinação de dois parâmetros: volume e intensidade (Rubin, 2009; Bompa; Haff, 2012; Platonov, 2015).

O **volume de treinamento** é uma medida quantitativa, ou seja, indica a distância percorrida por um jogador em uma partida de futsal ou por um nadador em uma sessão de treinamento, a tonelagem de uma sessão ou microciclo de treinamento de um levantador de peso, a quantidade de horas de treinamento em determinada etapa ou período. Enfim, existem diversas formas de quantificar o treinamento.

A **intensidade de treinamento** é uma medida qualitativa que atesta o nível de esforço por unidade de tempo. Tanto a velocidade de execução quanto o nível de tensão muscular são parâmetros para se determinar a intensidade. Por exemplo, levantar uma barra com 100 kg é mais intenso do que levantar uma barra com 80 kg na mesma velocidade; correr 200 m em 20 segundos é mais intenso do que correr 200 m em 21 segundos. Parece óbvio, porém alguns especialistas argumentam que a intensidade é dada pela grandeza da influência da carga no organismo (como foi mencionado no primeiro parágrafo desta seção). Por isso, quando se trata de intensidade, sempre é preciso pensar no grau de esforço por unidade de tempo, e não nas sensações fisiológicas: levantar uma barra com 100 kg uma única vez é mais intenso do que fazer de 4 a 5 séries com 99 kg até a falha muscular. Não importa o grau de fadiga, o importante é analisar mecanicamente. Em outras palavras, ou se aumenta o peso ou se aumenta a velocidade de execução (força ou potência); só assim se faz referência à intensidade.

Tanto o volume quanto a intensidade são parâmetros que norteiam o treinador para operar o que chamamos de *carga externa*, contudo, como já vimos, a carga externa gera mudanças fisiológicas (carga interna). Por tal razão, a relação entre volume e intensidade e o tipo de tarefa a ser resolvida na educação física ou no esporte formam os componentes da carga.

Segundo Suslov, Cycha e Shutina (1995), são quatro os **componentes da carga**:

1. orientação;
2. grandeza;
3. especificidade;
4. complexidade coordenativa.

Quanto à **orientação**, a carga de treinamento pode ser alática, lática ou aeróbia. Em outros termos, a orientação da carga dá o direcionamento dos processos adaptativos em conformidade com a tarefa a ser resolvida. Por exemplo, com o intuito de melhorar a velocidade de deslocamento de corrida ou aumentar a potência do levantamento de peso, utilizam-se exercícios de altíssima intensidade e curta duração. Esses exercícios recrutam muitas unidades motoras de forma sincronizada, melhorando os mecanismos de coordenação neuromuscular, e ativam a síntese de proteínas contráteis e de enzimas que regulam as reações metabólicas do sistema alático de produção de energia (ATP-CP). Por outro lado, as cargas de orientação aeróbia com o intuito de melhorar a resistência são caracterizadas por atividades físicas com intensidade menor quando comparadas às cargas aláticas. Essas cargas aeróbias ativam e, consequentemente, provocam adaptações nos sistemas cardiovascular e respiratório e aumentam a síntese de mitocôndrias e enzimas relacionadas ao metabolismo aeróbio. Logo, fica claro que a orientação da carga explica a natureza do processo adaptativo em conformidade com a tarefa do treinamento.

Quanto à **grandeza**, a carga pode ser: grande ou de choque; significativa ou ordinária; média ou estabilizadora; pequena ou recuperativa. A carga grande é aquela que, independentemente da orientação, gera mudanças funcionais no organismo, fazendo com que a capacidade de trabalho fique oprimida e/ou diminuída entre 48 e 72 horas – e em alguns casos até por mais tempo. A carga significativa é aquela em que a capacidade de trabalho se recupera em 24 a 48 horas. A carga média ou estabilizadora é aquela que não acarreta profundas mudanças no organismo, isto é, não estimula ao máximo os processos adaptativos, mas é suficiente para estimular a manutenção da capacidade de trabalho, sendo o tempo de recuperação, em média, de aproximadamente 12 a 24 horas. Por fim, a carga pequena estimula a recuperação do organismo.

Apesar de haver prazos aproximados de recuperação de acordo com a grandeza da carga, é importante salientar que o parâmetro utilizado para essa avaliação é a capacidade de trabalho, ou seja, a capacidade de execução do exercício com a mesma qualidade, visto que, internamente, os processos recuperativos/adaptativos podem durar ainda mais. No caso de exercícios direcionados para hipertrofia muscular, por exemplo, a síntese de proteínas pode durar de 7 a 15 dias, mesmo com a capacidade de levantamento de pesos estando praticamente recuperada depois de 3 a 4 dias (Billeter; Hoppeler, 2006; Goldspink; Harridge, 2006; Seluianov; Sarsania; Zaborova, 2012).

De forma simplificada, o parâmetro *intensidade* determina o componente *orientação da carga*, ao passo que, para dada orientação, o volume determina a grandeza. Por exemplo, a corrida em velocidade (intensidade) máxima só pode ser garantida por meio do mecanismo alático de abastecimento energético, e exercícios "aláticos" são sempre executados em intensidade máxima, porém a grandeza da carga é muito diferente no caso de uma sessão de treinamento composta por 1 tiro de corrida de 50 metros efetuado em intensidade máxima e 20 tiros de corrida de 50 metros na mesma intensidade. De maneira semelhante, existe uma diferença muito grande entre executar um exercício aeróbio por 30 minutos ou por 90 minutos. Fizemos essa analogia porque infelizmente alguns especialistas acreditam que cargas de choque estão relacionadas exclusivamente com a intensidade do exercício.

Quanto à **especificidade** da carga, é importante saber que esse componente tem maior relevância em dois contextos: no treinamento de atletas e no treinamento de pessoas que buscam o exercício físico como forma de melhorar as atividades profissionais ou de pessoas debilitadas por alguma razão e que procuram melhorar a "funcionalidade" nas tarefas diárias. Nesse contexto, parece óbvio que o exercício físico, quando executado de maneira mais ou menos semelhante àquilo que se observa na atividade competitiva, pode promover efeitos diversos. Portanto, o grau de influência dos exercícios sobre o organismo, ou seja, a carga de treinamento, sofre interferência da especificidade dos exercícios.

Por fim, no que concerne à **complexidade coordenativa**, exercícios diferentes, mesmo que tenham igual orientação, grandeza e especificidade, podem gerar efeitos diversos. Quando se executa um movimento desconhecido até então, quando se muda a rotina de exercícios dentro da sala de musculação, quando se diminui o tamanho da bola no treinamento técnico de jogadores de futebol ou em situação análoga, observa-se claramente maior mobilização, não somente fisiológica, mas também mental/cognitiva/psicológica.

A seguir, o Quadro 3.1 retoma sinteticamente o conteúdo exposto sobre o conceito de carga de treinamento.

Quadro 3.1 Componentes da carga de treinamento

<table>
<tr><th>Orientação</th><th>Grandeza</th><th>Especificidade</th><th>Complexidade coordenativa</th></tr>
<tr><td>Alática</td><td>Grande/choque</td><td>Especial</td><td>Elevada</td></tr>
<tr><td>Lática</td><td>Significativa/ordinária</td><td rowspan="3">Geral</td><td>Média</td></tr>
<tr><td rowspan="2">Aeróbia</td><td>Média/estabilizadora</td><td rowspan="2">Baixa</td></tr>
<tr><td>Pequena/recuperativa</td></tr>
</table>

Fonte: Elaborado com base em Suslov; Cycha; Shutina, 1995; Vovk, 2007.

De forma resumida, o exercício físico é o meio utilizado para resolver os problemas do processo de treinamento, e a carga de treinamento evidencia a magnitude do efeito promovido pelo exercício físico. O entendimento do conceito de carga é fundamental tanto do ponto de vista da promoção de efeitos que causem a adaptação e, consequentemente, o aumento das possibilidades funcionais do organismo quanto em relação ao controle da carga para que esta não seja excessiva para crianças ou indivíduos que iniciam um programa de condicionamento.

3.5 Organização das sessões de treinamento

As sessões de treinamento ou exercícios físicos, seja para atletas de alto rendimento, seja para adultos saudáveis, idosos ou crianças, são compostas de três partes fundamentais, segundo Weineck (2003) e Sakharova (2005a). São elas:

1. parte preparatória (aquecimento);
2. parte principal;
3. parte final (volta à calma).

A **parte preparatória** é composta de aquecimento, que tem a função de preparar o corpo para as tarefas da parte seguinte. Via de regra, no início dessa parte são recomendados exercícios aeróbios de baixa intensidade para aumentar a temperatura corporal e começar a ativar os sistemas cardiovascular e respiratório e todos os mecanismos de transporte de oxigênio. Após alguns minutos, começa a parte específica do aquecimento, em que são aplicados exercícios mais específicos, com o aumento da potência do trabalho, exigindo-se mecanismos de coordenação neuromuscular mais complexos e preparando-se os mecanismos de produção de energia (Fiskalov, 2010).

Vale destacar que em qualquer cenário de treinamento os aquecimentos geral e específico devem existir. No caso do esporte, potencializar ao máximo os sistemas do organismo e causar aumento da atividade psíquica são ações que fazem bastante sentido, principalmente tendo em vista que, no referido contexto, os atletas sempre buscam seu máximo desempenho. Paralelamente, em um cenário de atividades voltadas para a qualidade de vida e a saúde, como em um ambiente de academia de ginástica, o princípio é o mesmo. No início, atividades aeróbias de baixa intensidade são aplicadas com o intuito de propiciar o aumento da temperatura corporal e a ativação dos sistemas bioenergéticos, cardiovascular e respiratório. Posteriormente, no caso de o objetivo da parte principal da sessão ser o aumento da força, o aquecimento específico pode consistir na execução de algumas séries com o peso menor, crescendo gradualmente. Isso garante um *input* neural proprioceptivo e a diminuição de alguns reflexos espinais para os ajustes técnicos, aumenta a excitação do sistema nervoso e permite, assim, que o exercício seja executado de modo potencializado, mais seguro e qualitativo (Gomes, 2009; Powers; Howley, 2014).

Na **parte principal**, são resolvidas as tarefas planejadas para a sessão de treinamento. Nesse contexto, é importante frisar que as sessões de treinamento, em dependência da organização das tarefas na parte principal, podem ser classificadas como sessões de cargas seletivas ou sessões de cargas complexas (Platonov, 2015).

As **sessões seletivas** são aquelas que resolvem tarefas com uma única orientação de carga. Podemos citar como exemplo o caso de uma aula para crianças em uma escolinha de basquetebol ou mesmo de uma aula de educação física na escola, em que o treinamento é completamente direcionado para o aperfeiçoamento de uma ação técnica isolada, como o aprendizado do passe ou do arremesso. No caso de esporte de alto rendimento, podemos citar um nadador que executa 20 tiros de 25 metros em intensidade máxima e com pausas de descanso de 3 a 5 minutos com o intuito de treinar a velocidade (orientação alática). Por fim, quando se trata de um indivíduo hipertenso que treina para melhorar sua saúde, por exemplo, a parte principal da aula deve ser composta exclusivamente por um trabalho aeróbio contínuo. Em outras palavras, as cargas seletivas são aquelas com que, na parte principal da sessão de treinamento, se resolve apenas uma orientação de carga ou tarefa.

As **sessões complexas** são caracterizadas pela resolução de tarefas com diferentes orientações de carga. Nesse caso, em geral as tarefas obedecem à seguinte ordem: cargas aláticas, láticas e aeróbias. As cargas complexas são muito comuns na preparação de atletas nos jogos desportivos (futebol, basquetebol, handebol etc.); assim, normalmente a parte principal é subdividida em mais duas ou três partes. No início, são recomendados exercícios de potência; posteriormente, exercícios glicolíticos típicos da prática do jogo; e, por fim, tarefas aeróbias. Quanto à saúde, as pessoas podem executar as tarefas de treinamento de força com o intuito de melhorar alguns parâmetros de força e saúde; logo após (em alguns casos, antes), exercícios aeróbios de resistência para parâmetros cardiovasculares; e, por fim, alongamentos diversos para refino da flexibilidade e saúde articular.

As sessões seletivas são mais eficientes para resolver as tarefas do treinamento, em razão do efeito mais profundo que causam sobre os sistemas funcionais do organismo. Desse modo, encaixam-se perfeitamente para indivíduos que visam ao desempenho, seja um atleta de alto rendimento, seja um jovem em busca da hipertrofia. Por outro lado, as sessões complexas têm um efeito menos profundo sobre determinado sistema funcional, porém muito mais amplo. Assim, esse tipo de sessão é mais indicado para crianças e pessoas que treinam com fins voltados à saúde. No esporte, as sessões complexas podem servir como trabalho de manutenção das diversas capacidades, mas também são frequentes em esportes nos quais a influência no resultado é multifatorial (Platonov, 2015).

A **parte final** das sessões de treinamento é caracterizada por um direcionamento do treinamento para ajudar o organismo a voltar ao estado de homeostase. Nesse caso, são indicados exercícios de baixa intensidade, de relaxamento e de alongamento.

Síntese

Neste capítulo, integramos os conhecimentos abordados no Capítulo 2 por meio de uma linguagem mais simplificada, que facilita tanto o ensino quanto o aprendizado. Buscamos mostrar que, se não existissem os conhecidos meios e métodos de treinamento, assim como os conceitos de carga e os princípios do treinamento, resolver as tarefas do treinamento se tornaria algo ainda mais complexo. Por isso, os princípios da educação física e do treinamento são uma orientação generalizada para que o professor tenha uma noção mais precisa sobre qual é o trabalho dele. Por outro lado, os meios nada mais são do que a forma de resolver as tarefas do treinamento, sendo os métodos a maneira como os meios são aplicados. Vimos ainda que o conceito de carga proporciona o entendimento a respeito dos efeitos dos meios e métodos de treinamento sobre o organismo do indivíduo e, assim, ajuda a manipular as variáveis fisiológicas.

Atividades de autoavaliação

1. Quanto aos princípios da educação física, assinale V (verdadeiro) ou F (falso):

( ) O princípio da aplicabilidade indica uma ação de transferência positiva dos efeitos causados pelo exercício físico na vida do indivíduo.
( ) O princípio da sistematização estabelece que as cargas de treinamento promovidas pelo exercício físico devem ser regulares.
( ) O princípio da progressividade determina que as cargas de treinamento promovidas pelos exercícios físicos devem ser elaboradas considerando-se obrigatoriamente as possibilidades do praticante.
( ) O princípio da acessibilidade e da individualização evidencia que o processo adaptativo em face das cargas de treinamento só acontece quando, em cada nova etapa de aperfeiçoamento, o treinamento apresenta ao organismo do indivíduo exigências próximas dos limites das possibilidades funcionais dessa pessoa.
( ) O princípio da visualização busca criar um modelo imaginário visual, sinestésico e motor da ação ou técnica estudada, a fim de acelerar o processo de ensino e aprendizagem.

A sequência correta é:

a) V, V, F, F, V.
b) V, V, F, V, V.
c) F, V, F, F, V.
d) V, V, V, V, F.
e) F, V, V, F, V.

2. Considere os itens a seguir:

I. Volume e intensidade.
II. Carga interna e carga externa.

III. Orientação, grandeza, especificidade e complexidade coordenativa.
IV. Carga seletiva, carga diluída e carga concentrada.

São componentes da carga de treinamento os itens listados apenas em:

a) III.
b) II e III.
c) I e III.
d) IV.
e) III e IV.

3. Quanto aos meios de treinamento, assinale V (verdadeiro) ou F (falso):

( ) O exercício físico é o meio de treinamento.
( ) O meio de treinamento não é, na verdade, o exercício em si, mas como ele é feito.
( ) A classificação dos meios de treinamento se baseia exclusivamente em dois critérios: o anatômico e o fisiológico.
( ) O meio intervalado é ótimo para o treinamento das capacidades físicas, principalmente para o aumento do limiar anaeróbio.
( ) Os meios gerais e especiais são essenciais para o treinamento de atletas.

A sequência correta é:

a) V, F, V, F, V.
b) F, F, V, F, V.
c) V, F, F, F, V.
d) V, V, F, F, V.
e) V, V, V, V, F.

4. Quanto às sessões de treinamento, analise as seguintes afirmativas:

   I. As sessões de carga complexa são aquelas que apresentam apenas uma orientação de carga.
   II. As sessões seletivas têm um efeito menos amplo sobre o organismo, porém mais aprofundado.
   III. A sessão de treinamento é composta por três partes: preparatória, principal e final.

   Agora, assinale a alternativa que indica as afirmativas corretas:

   a) Apenas I.
   b) II e III.
   c) Apenas II.
   d) I e III.
   e) Apenas III.

5. Com relação aos métodos de treinamento das capacidades físicas, analise as seguintes afirmativas:

   I. O método contínuo variável consiste na execução de exercício ininterrupto com variações de intensidade que, em alguns momentos, superam a intensidade correspondente ao limiar anaeróbio.
   II. O método de repetição é caracterizado pela execução do exercício em alta intensidade e com pausas (ativas ou passivas) de recuperação incompleta.
   III. O circuito combina vários exercícios para resolver diferentes tarefas do treinamento.
   IV. O método intervalado é caracterizado pela execução do exercício em alta intensidade com pausas (ativas ou passivas) de recuperação completa que permitam a execução da próxima série ou a repetição do exercício na mesma intensidade.
   V. O método Isoton visa à hipertrofia seletiva das fibras musculares oxidativas.

Agora, assinale a alternativa que indica as afirmativas corretas:

a) I e V.
b) II, III e IV.
c) I, II e III.
d) I, III e V.
e) Nenhuma das afirmativas está correta.

Atividades de aprendizagem

Questões para reflexão

1. Os princípios da educação física, de forma simplificada, podem ser entendidos como recomendações gerais que ajudam o profissional de educação física nas aulas e nos treinamentos. Para você, qual é a importância da existência desses princípios e quais são as principais funções deles? Argumente.

2. Quando se busca aperfeiçoar alguma capacidade física, sempre é importante aplicar cargas de treinamento. Como vimos, a carga é dada pelo grau de influência do exercício sobre o organismo. Nesse contexto, relacione a carga de treinamento com o processo de adaptação.

Atividade aplicada: prática

1. Imagine que você está diante de um atleta amador que participa de corridas de rua. Esse atleta relata que, apesar de estar correndo distâncias a cada dia maiores, ele não consegue melhorar o tempo de corrida. Pesquise sobre a barreira do desempenho e elabore uma nova metodologia de treinamento para esse atleta. Em seguida, indique quais métodos de treinamento você empregaria para resolver aquele problema e por quê.

New Africa/Shutterstock

Capítulo 4

Exercício físico na infância e na adolescência

Quando se fala em exercício físico para crianças e adolescentes, antes da elaboração de qualquer programa de exercício físico, independentemente do objetivo, é preciso compreender uma série de particularidades do organismo dessas populações que as diferem bastante de indivíduos adultos. Apesar de a literatura ser rica em informações biológicas a respeito do desenvolvimento humano ao longo da vida, muitas vezes os profissionais de educação física podem errar na elaboração do treinamento, visto que as tarefas dos programas de exercícios físicos utilizadas para resolver problemas específicos da aptidão física podem não ser bem aceitas pelas crianças.

Desse modo, neste capítulo enfatizaremos algumas questões relacionadas aos meios e métodos empregados no treinamento do referido grupo, assim como reflexões sobre a importância da prática não apenas de exercícios físicos, mas também esportiva. Antes de iniciarmos, devemos destacar que neste capítulo o objetivo não é determinar como devem ser as aulas de educação física na escola (esse tipo de tarefa é definido pelos planos curriculares), mas abordar a prescrição de exercício físico para crianças e adolescentes em idade escolar. É claro que o conteúdo pode servir como base reflexão por parte de professores de educação física licenciados que ministram aulas na escola, porém, como já assinalamos, nosso intuito não é definir o conteúdo da disciplina escolar.

4.1 O desenvolvimento da criança e do adolescente e o significado da educação física nesse contexto

A idade escolar abrange crianças e adolescentes que, em geral, têm entre 6 e 18 anos. Nesse período, ocorrem diversas mudanças na vida do indivíduo, tanto de ordem social quanto de ordem biológica. Por exemplo, observam-se nesse tempo:

- o crescimento longitudinal dos ossos e, consequentemente, na estatura do indivíduo;
- a formação postural;
- a definição do tipo de compleição física e da composição corporal;
- a maturação biológica de diferentes órgãos e sistemas etc.

Simultaneamente a isso, a personalidade do indivíduo se forma e se manifesta, as responsabilidades sociais aumentam, e isso direta ou indiretamente impacta a forma de aplicação dos programas de exercício físico, seja na escola, seja fora dela. Por exemplo, as atividades de caráter lúdico são as mais bem aceitas pelas crianças; já na adolescência, o treinamento e aperfeiçoamento físico e as competições esportivas, caso o adolescente seja um esportista, têm melhor aceitação em comparação com atividades e brincadeiras recreativas.

Além da questão relacionada ao interesse pelas atividades propostas pelo educador físico, tanto dentro como fora da escola, é essencial destacar que é justamente nessas duas fases, na infância e na adolescência, que se encontra o período da vida no qual é mais fácil criar hábitos saudáveis e um estilo de vida ativo que fuja do sedentarismo. A prática regular de exercícios físicos na fase de grande desenvolvimento do organismo facilita bastante a resolução das tarefas educacionais (morais, de trabalho, estéticas) e é um meio efetivo contra passatempos passivos que se manifestam como uma série de atos e costumes como o alcoolismo e o tabagismo (Makcimenko, 2009).

Quanto ao direcionamento das tarefas da educação física e de treinamento, na faixa etária de 6 a 13 anos, a criança se localiza em uma etapa sensível para o desenvolvimento de algumas capacidades. Por exemplo, a coordenação motora em todas as suas manifestações progride intensamente nessa idade mais do que em outros períodos da vida, principalmente no que concerne ao aprendizado de novos movimentos, por isso é interessante inclusive a prática de diferentes modalidades esportivas dentro e fora da escola. A flexibilidade também se desenvolve muito bem, e a capacidade de velocidade se aperfeiçoa significativamente entre 9 e 12 anos, porém por meio da frequência de movimentos e não da força e/ou comprimento de passadas.

Posteriormente, já na puberdade, o organismo se encontra em uma fase suscetível ao desenvolvimento e aperfeiçoamento da resistência e da força muscular, especialmente em virtude do amadurecimento dos sistemas de transporte de oxigênio, dos sistemas bioenergéticos e do sistema endócrino. Entre 13 e 16 anos, o aumento da resistência é bem evidente e exercícios aeróbios apresentam excelentes resultados. Contudo, o treinamento de força deve ser executado com certa precaução antes dos 16 anos, a fim de evitar danos nas placas epifisárias, ou seja, deve-se realizá-lo evitando métodos mais agressivos, como treinamento de força máxima, saltos reativos profundos e outros utilizados por atletas adultos. Entre 15 e 20 anos de idade, o aumento da massa muscular é salientado naturalmente e o treinamento acarreta ainda mais benefícios nessa direção (Filin; Volkov, 1998; Sakharova, 2005a; Platonov, 2015).

4.1.1 Tarefas da educação física na idade escolar

Considerando-se as propostas de alguns autores, como Sakharova (2005a), Matveev (2008) e Vinogradov e Okunkov (2015), a educação física na idade escolar deve promover uma série de benefícios para a criança por meio da realização de algumas tarefas. Em outras palavras, independentemente do meio escolhido (brincadeiras, jogos de estafeta[1], iniciação esportiva), as aulas de educação física escolar e as atividades complementares fora da escola devem estimular:

- o fortalecimento da saúde da criança;
- o aumento da capacidade de trabalho (aptidão física);
- o aumento de habilidades motoras;
- a elevação da resistência do organismo em face das influências desfavoráveis do meio externo;
- a formação de uma boa postura e composição corporal;
- a formação de interesse estável pela educação física, pela prática de exercícios e pelo hábito de treinar de forma autônoma.

[1] Jogos lúdicos utilizados geralmente na educação física escolar.

Sabemos que a saúde da criança é nitidamente fortalecida pela prática de exercícios físicos: ocorrem a melhora na imunidade e a diminuição do risco de adquirir determinadas doenças, o aumento da capacidade de trabalho, ajustes orgânicos que auxiliam no crescimento e no desenvolvimento etc. Por outro lado, é justamente na primeira e na segunda idade escolar – que compreendem, respectivamente, a idades entre 6 e 11 anos e entre 11 e 15 – que as crianças e os adolescentes têm maior facilidade no aprendizado das mais diversas habilidades. Nesse contexto, o educador físico deve ensinar as habilidades motoras que têm maior importância na vida, tais como:

- habilidades de deslocamento (caminhada, corrida, natação, ciclismo);
- habilidades (pelo menos o básico) e fundamentos técnicos para executar ações técnicas em jogos desportivos (futebol, handebol, basquetebol);
- habilidade de executar diferentes movimentos com vários implementos (halteres, cordas, banco sueco, bastões de ginástica etc.);
- habilidade de executar e coordenar poses corporais estáticas e em movimento (exercícios ginásticos, parada de mãos);
- habilidade de coordenar exercícios com a concordância de diferentes segmentos corporais (exercícios acrobáticos, como rolamentos, ponte e rotações; exercícios diversos na barra fixa, apoio para flexão de braço);
- habilidades de executar movimentos complexos para superação de obstáculos artificiais (salto sobre obstáculos, escalada etc.).

A postura sempre deve ser enfatizada nas aulas de educação física, porque, na primeira idade escolar, o organismo das crianças se desenvolve intensivamente, mas a ossificação do esqueleto continua em formação e as curvaturas fisiológicas começam a aparecer. Ou seja, os músculos ainda não estão prontos para manter a posição vertical, por isso surge o risco de, com a falta de acompanhamento/prática, ocorrer a curvatura da coluna. Na segunda idade escolar, deve ser conferida especial atenção à profilaxia de problemas, como a escoliose e a cifose, que são bem típicos dessa faixa etária. Nessa fase, além da execução de exercícios para o fortalecimento muscular básico, é exigida a manutenção da postura tanto nas atividades quanto em outras condições estáticas, como na posição sentado. Na terceira idade escolar (15 a 18 anos), a velocidade de crescimento do corpo diminui e a massa muscular aumenta. Além de os adolescentes terem facilidade de fortalecer seus músculos, nesse momento, uma boa postura lhes confere a sensação/satisfação de ter um corpo belo e adulto.

No que concerne ao despertar do interesse da criança e do adolescente pela prática de exercício ou esportiva pelo resto da vida, trata-se de uma tarefa complexa, que somente pode ser garantida quando atrelada a determinadas condições. Desse modo, uma das premissas para o surgimento do interesse está na aquisição de conhecimentos diversos referentes à importância da educação física para a saúde e a qualidade de vida. Quando a pessoa tem uma noção real dos benefícios do exercício e dos malefícios do sedentarismo, dificilmente ela se contentará com um estilo de vida pouco ativo. Além dos conhecimentos teóricos, também é interessante que o jovem consiga, ainda em idade escolar, aprender várias das habilidades básicas já citadas, visto que o "não saber jogar" ou "não saber fazer", às vezes, desencoraja adultos a praticar uma dada atividade física ou esportiva.

Por fim, todas essas tarefas propostas ao longo da idade escolar devem ser resolvidas considerando-se as particularidades do organismo e respeitando-se os princípios da aplicabilidade, da sistematização, da disponibilidade e da individualização. A seguir, trataremos da metodologia de aprendizado das ações motoras.

4.2 Aprendizado e aperfeiçoamento das ações motoras

Ao longo da vida, principalmente na infância e adolescência, o ser humano aprende uma série de habilidades motoras, como correr, saltar, nadar, arremessar coisas, entre outras atividades. Contudo, ao observarmos a corrida de um atleta velocista (corredor de 100 metros rasos) e a compararmos com a corrida de uma pessoa atrasada para pegar o ônibus ou até mesmo a de outros atletas praticantes de esportes para os quais a corrida não é necessariamente fundamental, fica evidente que as ações podem ser bastante aperfeiçoadas por meio da prática de treinamento. Além disso, também é perceptível que aquilo que não é vivenciado não pode ser aprendido. Todavia, existem várias particularidades metodológicas que podem ser aplicadas já no início do processo de aprendizagem de um movimento qualquer ou técnica esportiva e que garantem a eficácia do treinamento para que os movimentos não sejam erroneamente aprendidos pela pessoa.

A execução de um movimento pode ser dividida em três partes quando o analisamos do ponto de vista fisiológico: 1) execução; 2) controle; 3) avaliação e, caso necessário, a correção. A primeira pode ser chamada de *sistema executor* – constituído pelo planejamento da ação no córtex motor com disparo de um programa motor que percorre vias neurais, chegando aos músculos que devem ser ativados. Após a ativação dos músculos e seus respectivos movimentos, entra em cena o sistema de controle. Este, por meio de proprioceptores (fuso muscular, órgão tendinoso de Golgi e proprioceptores articulares), identifica os parâmetros cinemáticos (espaciais e temporais) e dinâmicos (forças ativas e reativas, internas e externas) do movimento e, em conjunto com outros órgãos perceptivos (como a visão e o aparelho vestibular), informa, via aferente, o cerebelo a respeito do resultado do movimento. O cerebelo, onde ocorre a terceira parte ou etapa, isto é, a avaliação da ação, utiliza a comparação entre a "cópia" do programa motor disparado pelo córtex motor e o resultado da ação informado pela propriocepção e pelos analisadores visuais. Em seguida, o cerebelo avalia o resultado e faz correções, caso necessário, configurando-se, assim, o sistema regulador (Wilmore; Costil; Kenney, 2013; Powers; Howley, 2014; Platonov, 2015).

Quando não se conhece um movimento, como é o caso de praticamente qualquer ação motora ou técnica esportiva para uma criança que está iniciando as aulas de educação física ou um esporte, o programa motor que se cria é fruto de uma associação de vários outros programas baseados na experiência motora anterior do indivíduo. Por isso, algumas pessoas aprendem mais rápido e outras demoram um pouco mais. Conforme os programas motores se formam e o aluno vai tentando executar o movimento, as correções seguem acontecendo, até o momento em que o indivíduo consegue reproduzi-lo corretamente. A partir desse ponto, a repetição sistêmica do exercício acarreta a automatização do movimento, ou seja, passa a dispensar alto nível de atenção na realização dele. O primeiro momento em que o aluno executa um movimento que já é correto, mas não está totalmente fixado, é denominado *perícia motora*. Quando o controle deixa de ser consciente e o movimento fica automatizado, observa-se a chamada *habilidade motora* (Matveev, 2008).

4.2.1 Perícias e habilidades motoras

A **perícia motora** pode ser definida como a capacidade do ser humano de resolver a tarefa motora, concentrando a atenção no próprio movimento (Suslov; Cycha; Shutina, 1995; Savin, 2003; Sakharova, 2005a; Oleshko; Ivanov; Priimak, 2016). Seus traços característicos são: controle obrigatório da consciência (exige atenção na técnica); excessivo gasto energético muscular;

instabilidade técnica; forte influência de fatores externos (barulho, fadiga e outras condições).

O tempo de duração da transição da perícia para o hábito, em geral, é individual e depende fortemente dos seguintes fatores e suas diferentes articulações: talento motor e experiência motora do indivíduo; idade (crianças frequentemente assimilam vários movimentos mais rapidamente do que adultos); complexidade coordenativa da ação motora; competência profissional do treinador/professor; nível de motivação, consciência, atividade e pensamento crítico do atleta – condição essencial para a rápida assimilação do movimento.

A **habilidade motora** é adquirida, como já mencionamos, após a repetição sistemática da perícia motora, quando esta última se torna habitual e pode ser executada estavelmente e com confiança. Desse modo, a habilidade motora é a capacidade do ser humano de executar as ações motoras automaticamente, ou seja, sem o controle da consciência sobre a técnica. Os indícios típicos da habilidade motora são: automatismo; coordenação aperfeiçoada do trabalho de todo o aparelho locomotor, ausência de rigidez muscular, bem como leveza e coerência de todos os elementos e fases do movimento; elevado resultado em comparação com a perícia motora, isto é, fatores externos (condições externas indesejadas) impactam menos o executor; estabilidade técnica e consistência da memorização (não esquecível) (Zakharov; Gomes, 2003; Matveev, 2008).

Nesta seção, cabe ressaltar a necessidade de entende que, em razão do fato de a infância e a adolescência serem os momentos mais propícios da vida para aquisição das perícias e habilidades motoras, certas particularidades metodológicas de ensino devem ser estudadas. Isso especialmente quando se considera que tanto o desempenho esportivo do atleta quanto outras atividades da esfera privada e profissional dependem do repertório motor prévio do indivíduo (Weineck, 2003; Makcimenko, 2009).

4.2.2 Ensino das ações motoras

O processo de ensino e aprendizagem das ações motoras é complexo tanto para o treinador quanto para o atleta. O ensino promove um bom resultado somente quando o treinador se apoia nas leis fisiológicas, psicológicas, pedagógicas, biomecânicas e estruturais que são a base da moderna teoria e metodologia do ensino de qualquer ação motora (Makcimenko, 2009; Dias et al., 2016).

Leis fisiológicas

As leis fisiológicas são apresentadas pela posição teórica a respeito das fases de formação de qualquer habilidade motora. Segundo essa posição, a habilidade motora é formada pelas leis de desenvolvimento dos reflexos condicionados. Na constituição da habilidade, no sistema nervoso central (SNC) do atleta, alternam-se três fases de fluxo de processos nervosos (excitação e inibição). O treinador/professor, sabendo das particularidades da manifestação dessas três fases, pode otimizar a metodologia aplicada, com o objetivo de alcançar a efetividade do ensino.

1. **Fase de irradiação dos processos nervosos** – Nas primeiras tentativas de executar uma nova ação motora, no córtex motor do atleta são excitados, ao mesmo tempo, centros nervosos que garantem a realização de dado movimento, assim como os centros vizinhos que não deveriam participar do trabalho. Nessa situação, os músculos antagonistas criam obstáculos para a execução livre do movimento. Em virtude disso, demanda-se mais energia física e neuropsíquica do que o necessário. Logo, o indivíduo se cansa mais rápido, perde atenção e o movimento efetuado acontece mal coordenado e impreciso.
2. **Fase de concentração dos processos nervosos** – Após algumas repetições, os processos nervosos no córtex motor gradualmente se localizam naqueles centros diretamente

envolvidos com a execução do movimento. Ou seja, acontece a concentração peculiar dos processos nervosos nos centros necessários, e os centros vizinhos são "desligados". Isso causa a eliminação da rigidez excessiva e a exclusão dos movimentos desnecessários. A ação motora é executada mais livremente e conforme o planejado, o que, normalmente, certifica a formação da perícia motora.

3. **Fase de estabilização do estereótipo dinâmico** – A continuação da repetição sistemática da ação motora gradativamente leva ao surgimento, no córtex motor, de concordância entre os fluxos de excitação e de inibição nos centros nervosos necessários. Entre os centros nervosos que participam do movimento, estabelecem-se relações temporais consistentes, que são a base da habilidade. O movimento é, por isso, realizado estavelmente (sempre correto), no caso de necessidade de alternância entre distintas tarefas/movimentos ou de alto nível de funcionamento das capacidades físicas. Em outras palavras, o sujeito consegue, por exemplo, acertar um arremesso do meio da quadra mesmo estando cansado (demanda resistência) ou com pouco tempo de decisão. Assim, são manifestados em certa medida todos os indícios da habilidade formada.

Leis psicológicas

Na perspectiva moderna de ensino do movimento, as leis psicológicas, em particular categorias psicológicas como a consciência, a motivação e a vontade, têm um papel determinante no ensino e aprendizagem do movimento (Sopov, 2010).

A teoria moderna de ensino das ações motoras, em geral, considera que a concepção da aprendizagem por meio da repetição dos movimentos (concepção dos reflexos condicionados) pode ser enriquecida com o suporte da teoria da atividade. Nessa posição, a formação da base orientativa da ação (BOA) tem papel relevante no ensino de novas ações motoras. O processo de formação da BOA apoia-se na utilização de componentes psicológicos, como o conhecimento, a motivação e a definição de metas. Em outras palavras, na estrutura da BOA, a consciência do atleta é um fator que assume uma função essencial.

O significado da consciência como força básica orientativa na atividade do ser humano é apresentado pelo psicólogo Piotr Yákovlevich Galperin. Para Galperin, citado por Makcimenko (2009), em qualquer ação humana se destacam três partes que estão em uma unidade orgânica e inter-relacionada: 1) parte orientativa; 2) parte executora; e 3) parte de controle e correção.

A **parte orientativa** executa a função do programa da ação. Essa programação pressupõe a reformulação de pensamentos no esquema da atividade muscular, o que leva à execução de dada ação motora. A sequência de comandos enviados da medula espinal, que determina a execução de ações motoras, é definida como *programa motor* (Enoka, 2000), o qual surge como resultado da aprendizagem direcionada na formação da BOA.

Com base no programa motor é realizada a **parte executora**, ou seja, a ação programada propriamente dita. Somado a isso, quando a pessoa começa a fazer o movimento, imediatamente se submete ao **controle** e, no caso de necessidade, à **correção**. O decorrer da ação executada pela consciência se compara ao programa inicial, e é avaliada a qualidade de realização dessa ação. Se for detectada qualquer inconformidade entre as partes orientativa e executora da ação, então a parte executora sofrerá a correção correspondente. Já se a ação estiver em conformidade com as partes orientativa e executora, mas a tarefa motora não for resolvida satisfatoriamente, então a correção ocorrerá não na parte executora, mas na parte orientativa.

Nesse contexto, a teoria da atividade oferece correções essenciais à metodologia tradicional de ensino e aprendizagem das ações motoras. Em particular, os esforços do treinador são direcionados, antes de tudo, à formação da BOA no atleta e não à parte executora, como acontece na teoria dos reflexos condicionados. Nesse caso, o processo de ensino-aprendizagem se torna mais efetivo e consegue-se ter menos erros técnicos (Dias et al., 2016).

Com base no que vimos sobre as três partes da ação humana, ganha destaque o treinamento ideomotor – uma metodologia que utiliza a imaginação (simulação mental) da execução do movimento para formar e fixar a BOA. Como consequência do treinamento ideomotor, o aprendizado técnico pode ser acelerado em algum grau (Sopov, 2010; Platonov, 2015).

Em resumo, é muito importante a inter-relação estreita entre as leis fisiológicas e psicológicas, uma vez que um programa motor pode ser formado incorretamente quando o atleta não tem o entendimento teórico necessário da tarefa a ser realizada. Em outras palavras, apenas a repetição sistemática de um gesto motor, sem a formação de um modelo imaginário (mental) da ação motora ideal, pode resultar na formação de uma técnica com erros.

Leis pedagógicas

As leis pedagógicas se concretizam na própria metodologia de ensino-aprendizagem, na qual devem ser refletidas toda a estrutura e as etapas do conteúdo do ensino, além da sequência geral do processo (Fiskalov, 2010).

Na formação do programa motor, na etapa inicial de ensino, a eficiência é alcançada quando se introduzem algumas tarefas – quatro operações dadas aos atletas pelo professor, conforme indicam Sakharova (2005a), Ratov et al. (2007) e Popov e Samsonova (2011).

Quanto à **primeira operação**, é preciso formar no atleta, antes de tudo, uma motivação positiva, ou seja, convencê-lo a estabelecer uma relação mental, consciente e ativa para o domínio futuro da ação. O ensino forçado não atinge o objetivo; assim, o programa de ação por parte do atleta não é totalmente assimilado ou pode apresentar diversos erros na técnica.

No que se refere à **segunda operação**, é necessário fornecer ao atleta conhecimento sobre a essência da ação motora (elemento obrigatório – o programa da ação propriamente dito). É importante que o professor dedique atenção, de início, àquelas fases das quais depende o resultado da execução do movimento. Essa tarefa é resolvida pelos métodos verbais.

Toda composição da ação motora da qual depende o sucesso da execução e que exige do atleta concentração e atenção pode ser considerada um dos chamados *pontos fundamentais de apoio* (PFAs). Tais PFA podem ser os seguintes: os elementos e as fases do movimento, a posição do corpo, a amplitude e a velocidade do movimento, a aceleração, a direção e grandeza do esforço desenvolvido, o ritmo do movimento etc. Todo o complexo organicamente inter-relacionado dos PFAs, chamado *base orientativa da ação (BOA), já mencionada*, configura a ação motora integral. Essa base é a essência do próprio programa de ação, ou seu modelo imaginário.

Na prática de ensino-aprendizagem pela metodologia de "tentativa e erro", o atleta, de maneira independente, frequentemente tateia os pontos fundamentais da ação quando o professor não focaliza a atenção neles. Nesse caso, durante a formação da BOA, emergem os chamados *erros de imaginação*. Por isso, em cada parte de um movimento complexo realizado por etapas, é necessário que o treinador faça o atleta perceber e compreender o que deve fazer, de modo a facilitar a formação correta da BOA.

No que concerne à **terceira operação**, deve-se formar no atleta um modelo integral do movimento estudado em cada PFA, o que, no final das contas, compõe a BOA, ou seja, o programa motor. Se for composto de uma quantidade suficiente de PFAs corretos, esse programa pode ser considerado concluído.

O modelo imaginário completo é a soma de três componentes inter-relacionados, segundo Makcimenko (2009) e Seluianov, Sarsania e Zaborova (2012):

1. modelo visual da ação motora, construído mediante a observação direta e indireta da ação;
2. modelo mental, fundamentado no conhecimento concebido pelo método verbal, pela comparação, pela análise etc.;
3. modelo motor (sinestésico), criado por meio da experiência motora que o atleta tem ou daquelas sensações que surgem na execução de exercícios modeladores (o modelo motor continua se formando e se especificando durante a efetivação tanto parcial quanto integral do movimento).

Finalmente, no que diz respeito à **quarta operação**, quando em cada PFA são formados o conhecimento necessário e o modelo imaginário completo, começam a ter sucesso as tentativas de executar a ação motora integral, ou seja, de fato se adquire a experiência de todos os programas.

Nas primeiras tentativas de execução do exercício por parte do atleta, observam-se uma elevada tensão em todo o aparelho locomotor e movimentos com realização lenta e rígida, ou seja, são manifestados todos os indicadores das leis fisiológicas, especialmente a primeira fase – a de irradiação de processos nervosos. Isso é absolutamente normal, visto que o atleta/praticante precisa manter todos os PFAs sob controle consciente, porém entre esses PFAs ainda não existem conexões consistentes. Por isso, na fase de aprendizado, a ação motora pode ser concretizada lentamente, justamente para que o atleta possa controlar a técnica. Quando se executa rapidamente a ação, o controle consciente é dificultado, fato que pode comprometer a fixação da habilidade (Popov; Samsonova, 2011).

No início do aprendizado de uma ação motora ou técnica esportiva, as tentativas devem ser feitas em condições padronizadas, pois qualquer alteração nos parâmetros do movimento que está sendo aprendido pode piorar a qualidade de execução do exercício. Além disso, o atleta deve encontrar-se em bom estado psicofísico a fim de se concentrar e sentir melhor as próprias ações. Atenção especial também deve ser dada ao princípio da continuidade[2] ou sistematização, uma vez que grandes pausas no processo de treinamento podem acarretar perda de determinadas sensações que podem diminuir a qualidade da execução das ações motoras (Vovk, 2007).

Leis estruturais

A formação de habilidades fundamenta-se na inter-relação das habilidades anteriores ao processo de ensino. Essa inter-relação pode ser considerada uma lei importante que influencia a aprendizagem de movimentos, ações motoras ou técnica esportiva; na literatura sobre o tema, também pode ser encontrada a expressão *transferência de habilidades motoras* (Platonov, 2015). Segundo Makcimenko (2009), a essência da transferência de habilidade se baseia nas ações que apresentaremos nos parágrafos a seguir.

A formação de novas ações motoras efetiva-se mediante a presença de reflexos condicionados semelhantes aos reflexos de outras ações antes assimiladas/aprendidas. Por isso, em muitos casos, a existência de algumas habilidades pode influenciar o aprendizado de outras novas. No entanto, essa transferência de habilidades não ocorre sempre, mas apenas quando as ações são estruturalmente parecidas (por isso o nome *leis estruturais*). Se não existir similaridade estrutural entre elas, não ocorrerá, portanto, nenhuma transferência (Boloban et al., 2016).

[2] Abordaremos esse princípio com maior profundidade no Capítulo 6.

A **transferência positiva** é a inter-relação na qual a habilidade antes formada facilita e acelera o processo de estabelecimento de uma nova habilidade. Logo, a posição fundamental para essa transferência é a presença de semelhanças estruturais nas principais fases das ações motoras. Por exemplo, o domínio da técnica de lançamento de pelota ajuda o indivíduo no aprendizado de outra técnica, a de lançamento de dardo: nesses movimentos, os elos fundamentais são parecidos – o esforço final, ou seja, o momento em que o implemento sai da mão (Bartonietz, 2004; Chesnakov; Nikitushkin, 2010).

Já a **transferência negativa** é a inter-relação entre as habilidades que, ao contrário do que se observa na transferência positiva, atrapalha a aquisição de novas habilidades. Isso acontece quando há semelhança de habilidades na fase preparatória do movimento, mas ausência de similaridade nos elos fundamentais. Em tal situação, a habilidade mais antiga predomina e, apesar de o atleta tentar um novo movimento, a ação é reproduzida por hábitos antigos. Enquanto o estereótipo antigo não é superado, é possível que haja erros na técnica da ação formada (Dias et al., 2016). Por exemplo, a técnica do salto em altura dificulta a técnica de superação de barreiras na corrida. Nesse caso, o esforço para superar a barreira será excessivamente direcionado para cima, o que não contribuirá para a consolidação de uma técnica racional no barreirista.

4.3 Meios de treinamento para crianças e adolescentes

Como vimos no Capítulo 3, os meios de educação física são as diferentes formas de movimento utilizadas para resolver as tarefas da aula ou do treinamento. Em outras palavras, trata-se do exercício físico propriamente dito.

Na **primeira idade escolar**, é importante que o professor dê atenção ao desenvolvimento de todas as capacidades físicas da criança, no entanto, como destacamos anteriormente, enfoque preferencial deve ser conferido à educação das capacidades coordenativas (precisão dos movimentos, equilíbrio, relaxamento muscular), assim como à rapidez dos movimentos (reação motora simples e complexa, cadência de movimentos). Assim, o uso de jogos, tanto as brincadeiras nesse formato quanto os esportivos (modalidades como basquetebol, handebol, futsal etc.), é imprescindível pelo fato de eles proporcionarem de uma vez só a resolução de incontáveis tarefas (Neverkovich, 2006; Stoliarov; Peredelisky; Bashaieva, 2015; Yamaletdinova, 2017).

Em virtude de os jogos serem caracterizados pela liberdade de escolha das ações e pelo caráter situacional, imprevisível e com déficit de tempo entre as ações, eles proporcionam benefícios únicos às crianças. Em primeiro lugar, fazem com que o raciocínio rápido, a visão periférica e sobretudo a criatividade (capacidade de resolver problemas ou situações não padronizadas) sejam intensamente trabalhados e desenvolvidos. Em segundo lugar, os jogos desenvolvem a motricidade por meio da mais diversificada gama de perícias e habilidades típicas das ações técnicas necessárias, trabalham praticamente todas as capacidades físicas simultaneamente e mantêm as crianças extremamente motivadas (Teoldo; Guilherme; Garganta, 2015; Chirva, 2015).

Obviamente os jogos têm pontos fortes (como vimos no parágrafo anterior) e fracos. Por exemplo, apesar de promoverem um efeito muito amplo sobre todas as capacidades, não exercem ação tão aprofundada sobre cada uma. Desse modo, são o principal meio de educação física para crianças da primeira idade escolar, mas não o são para adolescentes, que demandam exercícios físicos mais orientados para a resolução de outras tarefas. Além disso, é pertinente ressaltar que a simples prática do jogo pode levar o aluno a erros de aprendizado técnico, visto que, muitas vezes, a mera imitação de um movimento não considera os supostos potenciais PFAs, fato que dificulta a formação da BOA e um aprendizado integral correto. Por isso, somado às aulas ou treinamento de jogos esportivos, deve ser empreendido o ensino da técnica baseado nas leis que regem o aprendizado das ações motoras do ponto de vista metodológico (Platonov, 2015; Dias et al., 2016).

Na **segunda idade escolar**, é preciso dedicar-se às capacidades de velocidade em todas as suas formas. Além disso, é frutífero tanto adicionar exercícios de força explosiva não relacionados com tensão muscular máxima quanto iniciar o trabalho de resistência aeróbia (intensidade moderada, cíclico e de duração média). Por isso, nessa etapa, além de jogos esportivos, também é interessante a introdução do ensino e da prática de atletismo, ginástica, ciclismo e natação[3] (Sakharova, 2005a; Makcimenko, 2009). Porém, devemos salientar que aqui não estamos necessariamente falando da prática esportiva (participação em competições e preparação esportiva), mas do aprendizado básico dos movimentos que atende a diversas necessidades da idade.

Aprender os saltos do atletismo, a técnica de ataque nas provas de barreira, os exercícios modeladores de corrida e os exercícios básicos de ginástica nas aulas de educação física faz com que a criança e o adolescente continuem a adquirir novas habilidades. Contudo, destacamos que, ao contrário das habilidades e demandas fisiológicas nos jogos desportivos, essas habilidades motoras relativas ao atletismo e à ginástica são compostas de exercícios "mistos" que naturalmente atendem a demandas físicas mais intensas, o que é muito indicado para a segunda idade escolar. Assim, a criança vai aos poucos trabalhando os sistemas funcionais do organismo responsáveis pela força e pela resistência, além de haver a aquisição de habilidades complementares e o fortalecimento inicial de músculos posturais (Chesnakov; Nikitushkin, 2010).

[3] Dificilmente na escola haverá estrutura para a prática de natação e ciclismo, mas essas atividades podem ser desenvolvidas fora do ambiente escolar.

Na **terceira idade escolar**, é necessário aperfeiçoar a velocidade e a força, bem como a resistência geral do indivíduo (Matveev, 2008). Nessa idade, os alunos já suportam cargas maiores de exercício físico, próximas àquelas suportadas por adultos. Apesar disso, é profícuo que na escola os adolescentes se dediquem mais aos conhecimentos teóricos da educação física, de modo a criarem o interesse por manter um estilo de vida fisicamente ativo. Nesse contexto, os conhecimentos já adquiridos nas ciências biológicas podem ajudar o jovem a compreender questões relevantes referentes à importância do exercício físico na prevenção de doenças cardiovasculares, posturais etc., a importância da carga de treinamento, adaptação e desempenho, entre outras.

Paralelamente à dedicação à aquisição de conhecimentos teóricos da educação física, é interessante que os alunos disponham de programas de exercícios físicos de preferência pessoal fora da escola (prática de atividades diversas de academia, esporte amador, atividades recreativas etc.). Vale destacar também que, na terceira idade escolar, os adolescentes em geral estão mais concentrados na preparação para o vestibular e/ou para o mercado de trabalho e, por isso, muitas vezes a prática de exercícios físicos dentro da escola no horário das aulas não é bem aceita por eles.

4.4 Esporte como ferramenta fundamental de desenvolvimento de crianças e adolescentes

O esporte pode ser considerado uma ferramenta fundamental no desenvolvimento da criança e do adolescente por ter uma série de funções sociais, psicológicas e biológicas. Todavia, antes de abordarmos todas essas funções do esporte, precisamos conceituá-lo e contextualizá-lo na realidade das crianças e dos adolescentes.

Como destacamos no Capítulo 1, em vários casos as pessoas confundem o conceito de esporte com a ideia da prática de uma modalidade esportiva em contexto recreativo. Como descrito por Matveev (2010), o conceito de esporte em sua forma mais ampla e abrangente envolve a atividade competitiva, o processo de preparação para que ela seja realizada, as relações interpessoais específicas e as normas comportamentais que surgem na base dessa atividade.

Assim, a primeira premissa para que o indivíduo seja considerado um atleta é a participação dele em competições esportivas; porém, a noção de competição esportiva está sempre vinculada à de competições organizadas por federações de modalidades esportivas e por outras organizações esportivas reconhecidas. Em segundo lugar, todo atleta passa por um processo de preparação, ou seja, dedica-se intensamente para o aperfeiçoamento em determinada modalidade esportiva. Em terceiro, as relações interpessoais e as normas comportamentais do atleta são dadas de acordo com princípios éticos expressos na Carta Olímpica (COI, 2011) e na Carta Internacional da Educação Física e do Esporte da Unesco (Unesco, 1978) – Organização das Nações Unidas para a Educação, a Ciência e a Cultura.

Quando falamos de crianças e adolescentes, quase sempre estamos nos remetendo ao esporte amador. Dessa forma, estamos nos referindo à participação deles em treinamentos esportivos fora do contexto escolar e também em atividades extracurriculares de treino, na própria escola e para os jogos escolares. No entanto, devemos destacar que tanto o educador físico bacharel que trabalha fora da escola quanto o educador físico que atua dentro dela têm exatamente a mesma função quando se trata de esporte para crianças e adolescentes. Logo, esses profissionais devem compreender os mesmos princípios e funções do esporte para utilizá-lo como uma ferramenta de promoção do desenvolvimento do indivíduo.

4.4.1 As diversas funções do esporte

Na literatura especializada, é possível encontrar diversas informações relativas a benefícios e funções que o esporte pode desempenhar na vida do ser humano. Entre essas funções, podemos destacar as biológicas e, principalmente, as psicossociais.

O **atleta** é a pessoa que, como já mencionamos, regularmente se dedica ao aperfeiçoamento de suas possibilidades em uma modalidade esportiva, disciplina ou prova (Fiskalov, 2010). Desse modo, é comum que atletas, mesmo os que são amadores, apresentem um nível de condicionamento físico superior ao de pessoas apenas fisicamente ativas. Logo, as funções biológicas do esporte estão associadas ao processo adaptativo que as cargas de treinamento promovem. No Capítulo 2, examinamos tais processos detalhadamente, como a hipertrofia muscular, a melhora da coordenação neuromuscular, o aumento da densidade mitocondrial nos músculos e o aumento dos parâmetros cardiovasculares. Essas adaptações morfológicas e funcionais aumentam claramente a capacidade de trabalho do organismo; além disso, a prática esportiva em crianças pode propiciar o fortalecimento da saúde e o aprendizado das mais diversas habilidades motoras.

Quando pensamos nas funções psicossociais no esporte infantojuvenil, podemos citar algumas funções gerais do esporte que são indispensáveis na vida do jovem e, consequentemente, no futuro dele como adulto. Segundo Fiskalov (2010), o esporte apresenta diversas funções, destacando-se a educativa, a socializante e a recreativa, descritas a seguir.

- **Função educativa** – O esporte está imbricado no sistema educacional: as aulas de educação física são direcionadas ao desenvolvimento multifacetado do sujeito; há também horas extracurriculares de treinamento desportivo;promovem-se competições no espaço escolar, como os jogos escolares e universitários. O esporte é útil à escola por suas propriedades. Por exemplo, seu caráter competitivo, suas exigências físicas e psíquicas incomuns (quando comparadas às de outras atividades) e outros aspectos o tornam um fator bastante influente na educação física do indivíduo e um meio de educação da volição, do caráter, da disciplina, entre outros aspectos da personalidade humana. Quando na atividade esportiva se reforçam determinadas qualidades pessoais de comportamento esportivo, tais como a manutenção de virtudes em situações extremas de confronto, a relação de respeito e lealdade ao adversário, a cooperação, a competição não antagônica, a coragem e o respeito para com os árbitros e torcedores, então o esporte serve como uma preparação para a vida.

- **Função socializante** – Essa função é resultado do fato de o esporte ser um potente fator de envolvimento das pessoas na vida social (comunidade), da familiarização com ela e da formação da experiência de relações sociais dos praticantes. As relações esportivas (entre pessoas ou grupos), de um jeito ou de outro, estão envolvidas nas relações sociais para além da esfera do esporte. O conjunto dessas relações compõe a base de influência do esporte na personalidade do indivíduo, visto que a experiência social na esfera do esporte, assim como em escalas mais amplas, é um fator de aproximação das pessoas, de união de grupos por interesses.
- **Função recreativa** – Essa função se manifesta na influência positiva da preparação física no estado funcional do organismo. Isso fica ainda mais destacado no esporte infantil e juvenil, em que a influência beneficente das sessões esportivas no organismo que está se formando e se desenvolvendo é simplesmente inestimável. É justamente nessa idade, por meio da atividade motora sistemática nas

sessões de exercício físico, que se formam as habilidades motoras, assim como os hábitos de respeito às regras de higiene pessoal e social que são a base para a boa saúde.

Embora tenhamos elencado alguns benefícios e funções do esporte na sociedade, é pertinente apresentarmos também uma reflexão proposta por filósofos a respeito da contradição existente na função social do esporte.

De acordo com Stoliarov, Peredelisky e Bashaieva (2015), existe a possibilidade de o esporte (dependendo do modo de abordagem) causar sérios prejuízos às relações sociais, ou seja, ser uma influência negativa. Basicamente, isso se deve ao fato de existir um sistema social orientado para a disputa, a rivalidade e a concorrência. No âmbito de "subsistemas" dessa natureza, cada um dos competidores está inclinado a buscar interesses pessoais, e não o bem comum, principalmente tendo em vista que a profissionalização, a comercialização e a politização do esporte atribuem um valor cada vez maior à vitória. A consequência dessa supervalorização da vitória cria nos atletas, sobretudo nas crianças, o princípio da "vitória a qualquer custo". Desse modo, essa orientação para atingir o sucesso por meio da busca incessante de altos resultados e recordes (características do princípio mencionado) pode interferir negativamente no sistema de relações sociais e contribuir em demasia para o surgimento de situações conflitantes. Sem sombra de dúvida, esse tipo de circunstância leva à destruição de normas e de princípios éticos do esporte.

Quando a vitória é supervalorizada, a prática esportiva pode tomar um rumo inadequado para as crianças e acabar servindo como "arma" que afeta a imagem cultural e moral da pessoa, deformando a personalidade. O rígido sistema existente no esporte de seleção e hierarquia (premiação e medalha para os gloriosos) pode acarretar, por um lado, o sofrimento de muitos atletas em decorrência de "fracassos", causando a sensação de insignificância e rejeição. Por outro lado, nos atletas vitoriosos, o esporte pode levar ao surgimento da ideia equivocada de serem excepcionais e insubstituíveis, ou seja, pode resultar em estrelismo, egoísmo, arrogância etc.

Infelizmente, todos esses efeitos negativos começam com a cobrança excessiva – tanto por parte dos pais quanto por parte dos treinadores – sobre as crianças pelo resultado esportivo. No início, pode não parecer, mas geralmente as crianças que enfrentam essa pressão exagerada se tornam adultos com uma ideia completamente distorcida sobre os princípios do esporte. Por exemplo, quem nunca ouviu falar em um atleta de lutas que utilizou sua maestria técnica para agredir outras pessoas fora do contexto da prática esportiva? Quem nunca viu atitudes anti-humanas (agressão, jogo sujo, desrespeito com arbitragem) de jogadores e torcedores de futebol? Quem nunca presenciou atitudes pateticamente arrogantes de atletas dominados pelo estrelismo agindo de modo inadequado e influenciando negativamente a cabeça dos amantes do esporte? Tudo isso não são suposições, mas fatos negativos concretos relacionados à prática esportiva no mundo.

Apesar dos pontos observados nessa reflexão, Stoliarov, Peredelisky e Bashaieva (2015) enfatizam que o esporte não é algo ruim. Na verdade, ele só pode ter influência negativa quando seus reais princípios não são respeitados. Quando o esporte segue os princípios da Carta Olímpica (COI, 2011), como o *fair play* (do inglês, "jogo justo"), ele exerce uma influência social positiva simplesmente inestimável. Nesse contexto, a principal função positiva está na contribuição que as competições esportivas, quando organizadas considerando-se especialmente a disputa não antagônica, podem trazer para a resolução de uma série de tarefas sociais relevantes de orientação humanista.

Entre os fatores com papel humanitário na socialização, conforme Matveev (2010) e Stoliarov, Peredelisky e Bashaieva (2015), estão os seguintes:

- **Autorrealização** – O esporte cria condições para que qualquer pessoa experimente uma grande sensação de orgulho próprio quando atinge aquilo que antes não poderia dentro do contexto esportivo. Cada centímetro mais longe, cada segundo ganho, cada quilograma levantado não dá ao atleta somente a busca pela sensação agradável de vencer um adversário, mas principalmente a de vencer a si mesmo, ou seja, superar-se a cada dia com base na própria força de vontade, persistência, longa preparação, disciplina etc.
- **Aperfeiçoamento físico e estilo de vida saudável** – Graças ao longo período de desenvolvimento do esporte e ao esforço de cientistas e treinadores, foi possível formar tecnologias pedagógicas que influenciam, de forma objetiva e direcionada, todos os componentes do estado físico da pessoa: capacidade físicas; habilidades motoras; compleição física e composição corporal, saúde etc. Promovem-se, dessa forma, as correções necessárias em possíveis defeitos ou insuficiências e desenvolvem-se conhecimentos e interesses nessa área.
- **Formação de qualidades psicológicas** – O treinamento desportivo e a participação em competições exigem do atleta a manifestação de qualidades volitivas e de autorregulação. Por muitas pessoas o esporte é conhecido como *escola do caráter*.
- **Formação de princípios e normas democráticas** – O esporte e o atleta são capazes de contribuir para a formação de valores democráticos na sociedade graças à relação de respeito com as regras do jogo e às condições iguais de competição. Assim como na democracia, em que estão presentes partidos políticos de diferentes visões, o esporte permite a oposição e a concorrência, evidenciando que a concordância universal não existe.

- **Comportamento ético e moral** –Trata-se do princípio do *fair play*.
- **Profilaxia de alcoolismo e de substâncias viciantes ilegais** – Não é novidade que o esporte ajuda principalmente os jovens a evitar o consumo de substâncias nocivas e ilegais.

Enfim, fica claro que o esporte moderno realiza com sucesso uma série de papéis sociais importantes. No entanto, dependendo da abordagem assumida (respeitar os princípios olímpicos ou estimular o absurdo princípio da "vitória a qualquer custo"), o esporte pode servir como um potente estímulo para a paz ou para a guerra, o altruísmo ou o egoísmo, o idealismo ou o materialismo, o nacionalismo ou o internacionalismo etc. O ponto-chave dessa contradição do potencial do esporte está justamente no fato de haver os postulados de "vitória" e "justiça", ou seja, é próprio do esporte essa tarefa "esquizofrênica" de o atleta esforçar-se para ser o melhor e, ao mesmo tempo, buscar ser justo em relação aos outros. Por todo o exposto, a indicação da iniciação esportiva para crianças e adolescentes tem valor inestimável.

Nesse sentido, Saraf (1997) argumenta que o movimento olímpico sempre enfatizou que, no esporte, o objetivo principal não é vencer, e sim competir. Apesar de essa ser uma forma eficaz de evitar o surgimento do princípio da "vitória a qualquer custo", também diminui a motivação para a vitória e o autodesenvolvimento. Por isso, para esse autor, o correto seria dizer que o central no esporte não é a vitória, e sim a luta por ela, pois nesse caso o compromisso do atleta está em manifestar máximo esforço e superação na luta, mas sem a obrigação de alcançar a vitória. É justamente nessa situação que a função educativa tem maior aproveitamento.

4.5 Prescrição de exercícios físicos para crianças e adolescentes

Como vimos ao longo deste capítulo, os exercícios físicos para crianças e adolescentes na idade escolar envolvem um processo complexo que deve atender a diversas demandas. Nesse contexto, têm destaque os exercícios que buscam trabalhar ao máximo o repertório motor e melhorar ou corrigir a postura da criança e do adolescente, desenvolver os sistemas funcionais do organismo desses indivíduos nos períodos sensíveis etc. (Kholodov; Kuznetsov, 2003; Vinogradov; Okunkov, 2015).

Na idade escolar, as crianças respondem muito bem à prática de jogos (esportivos ou não, lúdicos e recreativos). Sem dúvida, esse é o meio mais eficiente para trabalhar as capacidades físicas, visto que os jogos requerem uma vasta gama de movimentos e ações técnicas que ajudam no aumento do repertório motor e promovem a criatividade, elemento que, além de ser essencial para as crianças, é um fator estimulante da motivação (Weineck, 2003; Sakharova, 2005a).

É sempre fundamental ter em mente que a criança não é um adulto em miniatura, sobretudo na primeira idade escolar. Nessa fase, o corpo não suporta grandes cargas de treinamento, e a exposição forçada aos exercícios pode aos poucos causar o desinteresse da criança pela prática do esporte ou atividade física e ainda acarretar risco à saúde. A prescrição correta dos exercícios, nesse caso, envolve a criação de jogos de estafeta diversos que estimulem a rapidez do movimento e a cognição, pequenos jogos esportivos, como futsal e handebol, e assim por diante (Matveev, 2010; Stoliarov; Peredelisky; Bashaieva, 2015).

Outro ponto que merece destaque é a prática esportiva, ou seja, não só o aprendizado das técnicas de um esporte, mas também a participação do indivíduo em competições. É muito importante que, na infância, as competições sejam mais parecidas com festivais; isso se deve ao interesse do educador físico em não estimular o desenvolvimento na criança do princípio da "vitória a qualquer custo" logo cedo. Assim, a criança se diverte, aprende lições para a vida com os princípios filosóficos do esporte, como o *fair play* e o princípio da concorrência não antagônica, e ainda se desenvolve fisicamente (Matveev, 2010; Stoliarov; Peredelisky; Bashaieva, 2015).

Como vimos na Seção 4.4, o esporte é uma ferramenta com elevado potencial para o desenvolvimento do indivíduo, por isso é altamente recomendável que as crianças, além de participarem de aulas de educação física na escola, estejam também inseridas no esporte, seja escolar, seja nas escolinhas de iniciação esportiva. É recomendável também que crianças entre 6 e 10 anos de idade não façam um volume demasiado de exercícios físicos, sendo a recomendação o limite de 150 a 250 horas de treinamento anual (Platonov, 2015). Muitas vezes, alguns pais, seduzidos pelo sonho de ver o filho se tornando um grande atleta, cometem o erro gravíssimo, relacionado a uma série de fatores, de achar que a criança deve treinar o máximo possível.

Convém notar, primeiro, que, de fato, crianças que treinam mais apresentam melhores resultados; todavia, isso se deve exclusivamente à maior experiência, pois com 6 a 8 anos de prática os jovens já adquiriram praticamente todo o repertório técnico em determinado esporte. Por isso, crianças que se especializam mais cedo apresentam resultados bons, entretanto, posteriormente, elas são facilmente alcançadas por outros atletas.

Em segundo lugar, o treinamento de crianças pode ocasionar um efeito muito negativo conhecido como *especialização precoce* (Platonov, 2015). Na idade escolar, é essencial que o repertório motor seja aumentado ao máximo, com atenção à coordenação motora e técnica. Entretanto, salientamos que, quando as habilidades motoras são construídas, elas ainda devem passar por muitos ajustes, visto que a criança cresce, ganha força e outras capacidades; assim, rearranjos na programação motora são feitos naturalmente com o processo de treinamento. No caso da especialização precoce, após o aprendizado de uma habilidade, o treinador tenta aperfeiçoar ao máximo os parâmetros cinemáticos e dinâmicos do movimento, repetindo-o muito com o intuito de chegar ao limite do desempenho. Quando o treinador faz isso, a habilidade vai aos poucos se "fechando", fazendo com que os ajustes naturais na programação motora que ocorrem com a maturação do corpo do jovem sejam extremamente dificultados, uma vez que, quanto mais se especializa, mais o movimento se fixa de forma subconsciente (Popov; Samsonova, 2011; Dias et al., 2016).

Em terceiro lugar, ainda quanto à especialização precoce, a prática de treinamentos extenuantes, além de causar certo desprazer e aos poucos o desinteresse do jovem atleta pelo esporte, aumenta bastante o risco de lesões. Como já vimos, o corpo da criança não está apto para fazer 300 entradas de golpe em uma aula de judô, 200 saques de tênis ou 100 chutes a gol no futebol, treinando de 2 a 3 horas por dia diante de condições climáticas complexas (calor e sol forte). Nesses casos, as lesões musculares e articulares infelizmente acontecem e, muitas vezes, o treinador pode ser o principal responsável por elas.

Na segunda idade escolar, quando as crianças já estão entrando na puberdade, na faixa etária de 11 a 13 anos, o volume de treinamento anual já pode variar entre 250 e 600 horas. O corpo geralmente passa por uma fase de crescimento acentuado, por isso os treinamentos de coordenação e flexibilidade devem ser muito explorados. Nessa fase, ainda se deve ter cautela com a especialização precoce e as cargas excessivas de treinamento, bem como iniciar a utilização de exercícios mais complexos, do ponto de vista coordenativo (Platonov, 2015).

Já dos 13 aos 15 anos de idade, período de transição da segunda para a terceira idade escolar, o volume de treinamento anual pode alcançar grandezas no valor de 600 a 900 horas anuais. Nessa fase, já são realizados exercícios para o satisfatório desenvolvimento de capacidades físicas como força, velocidade e resistência, além de exercícios ginásticos com elevado grau de influência sobre a postura. Quando se fala em esporte, esse período é conhecido como *etapa de especialização profunda*. Assim, associadas ao amadurecimento dos sistemas funcionais e a certa estabilização do crescimento longitudinal, as técnicas podem ser profundamente refinadas em conformidade com a preparação física (Platonov, 2015).

Após os 16 anos, geralmente os adolescentes já suportam forte estresse psicofísico nos exercícios; além disso, apresentam motivação elevadíssima com certa busca de autoafirmação. Caso o grupo de adolescentes seja composto de atletas, é a hora de o professor explorar os princípios da periodização do treinamento e buscar os primeiros resultados expressivos. Caso não se trate de um grupo de atletas, especialmente no ambiente escolar, como abordamos anteriormente, vale a pena o professor recomendar atividades físicas extracurriculares voltadas para o condicionamento físico. Nessa idade, os adolescentes apreciam muito os efeitos estéticos gerados pelo exercício físico, por isso o tempo na escola pode ser aproveitado em aulas teóricas para a conscientização sobre a importância do exercício físico na vida (Platonov, 2015).

Síntese

Neste capítulo, destacamos que a prescrição de exercícios físicos para crianças e adolescentes é um grande desafio para o treinador na iniciação esportiva e para o professor na escola ou em demais ambientes de intervenção do educador físico. Sabemos que a criança não é um adulto em miniatura, assim como o adolescente também não é. Portanto, compreender as demandas dessas faixas etárias e identificar os meios e métodos mais adequados para resolver as tarefas é fundamental.

A idade escolar é fortemente marcada pela plasticidade do sistema nervoso, ou seja, é um período muito sensível para o aprendizado de novas técnicas, ações motoras e movimentos. Contudo, como vimos, o ensino integral de uma técnica ou ação motora concreta só ocorre corretamente quando o treinador respeita as leis que regem o processo de aprendizado do movimento. Por outro lado, além do aumento do repertório motor da criança, é preciso que o treinador esteja atento ao desenvolvimento amplo de mais capacidades físicas do indivíduo, assim como a outros aspectos importantes de natureza psicossocial, razão pela qual recebem destaque nesse período os métodos de jogos e a utilização do esporte como ferramenta educacional.

Outro ponto a ser enfatizado é que justamente durante a idade escolar a criança se torna adolescente, quer dizer, passa pela puberdade. Nesse momento, o desenvolvimento de capacidades físicas como a força e a resistência é mais interessante exatamente em razão do amadurecimento dos diversos órgãos e sistemas do sujeito. Por isso, meios e métodos específicos podem ser empregados pelo professor.

■ *Atividades de autoavaliação*

1. Com relação às tarefas específicas do treinamento nas diferentes faixas etárias, analise as seguintes afirmativas:
    I. A faixa etária de 6 a 12 anos pode ser considerada um período sensível para o treinamento da coordenação motora.
    II. Na faixa etária de 15 a 16 anos, os treinamentos devem ser preferencialmente direcionados para a flexibilidade, pois esse é o período mais sensível para o desenvolvimento dessa capacidade física.

III. Quanto ao treinamento de velocidade de deslocamento, podemos afirmar que o período dos 15 aos 20 anos é o ideal para se trabalhar a frequência de movimentos, enquanto o dos 9 aos 12 anos é propício para se trabalhar o comprimento das passadas.

Agora, assinale a alternativa que indica as afirmativas corretas:

a) I e II.
b) II e III.
c) Apenas III.
d) I, II e III.
e) Apenas I.

2. Não é novidade que, durante a infância e a adolescência, grande parte do tempo dedicado ao treinamento e à educação física é direcionada para o aprendizado de novas ações motoras. Sobre esse contexto, analise as seguintes afirmativas:

I. Toda ação motora, do ponto de vista fisiológico, é composta por três partes – execução, controle e avaliação.
II. A chamada *perícia motora* ocorre quando o indivíduo tem total domínio das ações e as executa automaticamente.
III. Do ponto de vista das leis psicológicas que regem o aprendizado das ações, a execução de uma ação considera um quarto componente – a parte orientativa.
IV. Os pontos fundamentais de apoio, concebidos pelas leis pedagógicas de ensino das ações motoras, compõem a base orientativa da ação.
V. As leis estruturais do aprendizado das ações revelam o efeito de transferência de habilidades.

Estão corretas as afirmativas:

a) I, II, III e V.
b) I, III, IV e V.
c) II, III, IV e V.
d) I, II, IV e V.
e) I e III.

3. O método de jogo é muito comum e utilizado na educação física em todas as faixas etárias, mas principalmente na idade escolar. Sobre esse tema, analise as seguintes afirmativas:

   I. Pelo fato de os jogos promoverem um efeito muito amplo, mas pouco aprofundado, o método não é muito útil para crianças.
   II. O método de jogo é utilizado para crianças exclusivamente por trabalhar todas as capacidades ao mesmo tempo.
   III. A grande vantagem do método de jogo é a integração do treinamento de todas as capacidades físicas e de outras capacidades cognitivas, psicológicas e intelectuais (raciocínio, criatividade etc.) em uma só atividade.
   IV. Os jogos, por oferecerem liberdade de escolha entre as ações, promovem um efeito estreito mas muito profundo sobre as capacidades do indivíduo.

   Agora, assinale a alternativa que indica as afirmativas corretas:

   a) I e IV.
   b) Apenas III.
   c) III e IV.
   d) I, III e IV.
   e) Nenhuma das afirmativas está correta.

4. O esporte é amplamente utilizado na educação física por diferentes razões. Apesar disso, há muita discussão a respeito da importância desse tipo de atividade. Considerando as informações apresentadas neste capítulo, analise as seguintes afirmativas:

   I. O esporte tem valor inestimável, pois a busca pela vitória a qualquer custo prepara o indivíduo para a vida.
   II. A função educativa do esporte só pode existir diante do respeito às relações interpessoais, pois, se isso não ocorrer, é possível que o sentido principal da atividade esportiva seja completamente distorcido.

III. O maior aproveitamento da função educativa do esporte se dá pela máxima segundo a qual o principal no esporte não é a vitória, e sim a luta por ela.

Agora, assinale a alternativa que indica as afirmativas corretas:

a) Apenas I.
b) Apenas II.
c) Apenas III.
d) II e III.
e) I e III.

5. Com relação às tarefas do treinamento nas diferentes faixas etárias da idade escolar, assinale V (verdadeiro) ou F (falso):

( ) A especialização precoce é um dos objetivos do treinamento e da educação física na idade escolar.
( ) É recomendável que crianças de 6 a 10 anos treinem entre 150 e 250 horas por ano.
( ) Entre os 11 e 13 anos, com a fase de crescimento acentuado do corpo do indivíduo, o treinamento de coordenação e flexibilidade deve ser amplamente explorado.
( ) Na faixa etária de 13 a 15 anos, a recomendação de volume de treinamento anual é de 300 a 500 horas.
( ) Após os 16 anos de idade, os jovens suportam exigências altas de treinamento, por isso atividades esportivas ou programas extracurriculares de exercício físico são recomendados.

A sequência correta é:

a) V, F, V, F, V.
b) V, V, V, F, F.
c) F, V, F, V, V.
d) F, V, V, V, V.
e) F, V, V, F, V.

Atividades de aprendizagem

Questões para reflexão

1. É notório que as crianças gostam de brincar e não apreciam atividades monótonas, que gerem muita fadiga ou que exijam muita responsabilidade. Em virtude disso, o método de jogo acaba sendo altamente recomendável para elas. Argumente sobre o porquê dessa recomendação.

2. Sabe-se que o esporte pode ser um potente estímulo na educação e no desenvolvimento de crianças e adolescentes. Apesar disso, às vezes, são identificados casos de pessoas que tiveram experiências ruins com o esporte e de atletas com comportamentos antissociais. Em sua opinião, por que isso ocorre e o que pode ser feito para evitar tal situação?

Atividade aplicada: prática

1. Considere, caro leitor, o seguinte cenário: você trabalha em uma escola de iniciação esportiva e é o profissional que prescreve e elabora o treinamento de várias crianças. Em sua prática, você, às vezes, tem de lidar com pais extremamente competitivos que exigem desempenho máximo dos filhos e ainda cobram que você aumente a carga de treinamento e aplique exercícios mais específicos. O que você faria nessa situação? Pesquise sobre o fenômeno da especialização precoce e discuta com seus colegas de profissão as estratégias para enfrentar essa situação.

Capítulo 5

Prescrição de exercícios físicos na promoção de saúde em grupos especiais

Nos capítulos anteriores, examinamos conceitos relacionados com a prescrição de exercícios físicos, as populações que se beneficiam do exercício e as premissas fisiológicas do treinamento, as bases pedagógicas e o treinamento na infância e na adolescência. Este capítulo assumirá outra direção, pois voltaremos nossa atenção aos grupos especiais, ou seja, à população que busca os exercícios físicos como uma ferramenta de promoção da saúde e tratamento alternativo à medicina tradicional.

Nos últimos cem anos, o foco dos estudos de pesquisadores da área da saúde mudou das doenças infecciosas para as doenças crônicas degenerativas. Isso aconteceu porque, com a evolução dos tratamentos medicinais e o surgimento de campanhas de prevenção, as doenças infecciosas deixaram de ser a principal causa de morte, apesar da existência esporádica de pandemias. Com isso, as pesquisas mais atuais têm dedicado atenção especial ao entendimento, à intervenção e à prevenção de doenças crônicas, como as doenças cardiovasculares, os cânceres, o diabetes e outros problemas, como o processo de envelhecimento. Atualmente, evidências apontam o exercício físico como uma das melhores ferramentas para promover saúde e qualidade de vida em grupos de populações especiais. Em virtude disso, neste capítulo, focalizaremos o entendimento das doenças e, principalmente, a intervenção do profissional de educação física no contexto da prescrição de exercícios físicos para tais grupos.

5.1 Fatores associados com o desenvolvimento das doenças crônicas e o papel do profissional de educação física

A Organização Mundial da Saúde (OMS) aponta que a principal causa de morte no mundo está ligada às doenças crônicas degenerativas não transmissíveis, entre as quais podemos destacar doenças cardiovasculares, diversos tipos de cânceres, doenças respiratórias crônicas e diabetes. Nos EUA, por exemplo, as causas de morte por doenças cardiovasculares estão em torno de 31% do total de mortes, seguidas por diferentes cânceres (23,2%) e pela doença do trato respiratório inferior crônica (5,3%). No Brasil, a situação não é diferente, porque doenças cardiovasculares ainda são a principal causa de morte, mas também têm destaque os cânceres, as doenças pulmonares obstrutivas crônicas, o diabetes, entre outras. Além disso, cabe ressaltar que, embora essas doenças atinjam pessoas de diferentes faixas etárias, elas têm impacto ainda maior na terceira idade. Portanto, apesar de o envelhecimento ser um processo natural, inevitável e irreversível, podemos considerar o idoso como uma população especial que merece atenção e cuidados especiais (Powers; Howley, 2014; Dias; Seluianov; Lopes, 2017).

Segundo Powers e Howley (2014), existem alguns fatores de risco associados ao desenvolvimento de doenças crônicas, sendo que três categorias merecem ênfase:

1. fatores hereditários ou biológicos;
2. fatores ambientais e ecológicos;
3. fatores comportamentais.

Os **fatores hereditários ou biológicos** envolvem aspectos como idade, gênero, raça e suscetibilidade à doença. No que concerne à idade, sabe-se que, em virtude das mudanças naturais no organismo causadas pelo envelhecimento, a chance do desenvolvimento de doenças crônicas é bem maior; por exemplo, a incidência de doenças relacionadas à síndrome metabólica é mais elevada em idosos do que em jovens. Quanto ao gênero, é bem conhecido que homens desenvolvem problemas cardiovasculares mais precocemente do que mulheres; geralmente, isso está relacionado à morfologia androide do homem, que acumula mais gordura no abdome, o que facilita o surgimento de doenças cardiovasculares e inflamatórias. Quanto à raça, as chances de cardiopatias em afrodescendentes são maiores. Por fim, sabe-se também que algumas doenças se desenvolvem por questões puramente genéticas ou têm o fator de risco muito aumentado. Portanto, não é à toa que em questionários de anamnese sempre estão presentes perguntas sobre o histórico familiar de doenças coronárias e cânceres.

Quanto aos **fatores ambientais**, podemos citar a influência de condições físicas e socioeconômicas. No que concerne às condições físicas e/ou ecológicas, destacamos o clima, a poluição do ar, a qualidade da água etc. Por exemplo, em alguns países ou regiões no Hemisfério Norte, onde o frio é intenso e o tempo de exposição ao sol é menor, é maior o risco de osteoporose; em grandes centros urbanos, as doenças pulmonares também são mais frequentes em razão da poluição do ar (Arbex et al., 2012). Com relação às condições socioeconômicas, apontamos características de moradia e condições de local de trabalho, renda etc. É bem conhecido que os fatores ambientais têm distintos graus de influência sobre as pessoas em países mais e menos desenvolvidos. Assim, a classificação etária para idosos é diferente justamente para estar em conformidade com o nível de desenvolvimento de cada nação.

Quanto aos **fatores comportamentais**, podemos destacar alguns hábitos ruins comuns na sociedade: o uso de diversas drogas, como cigarro, álcool, drogas ilícitas e medicamentos (uso abusivo); a desnutrição e os maus hábitos alimentares; o sedentarismo; a pressão social e psicológica pelo sucesso profissional etc.

Em geral, todos os fatores citados podem ser determinantes para a manifestação da arteriosclerose, que é o acúmulo e/ou formação de placas de gordura no endotélio de uma artéria. A arteriosclerose diminui o fluxo sanguíneo por estreitar os vasos sanguíneos, porém, em condições nas quais a pressão arterial é elevada, como em situações de estresse emocional ou no decorrer de exercícios físicos intensos, coágulos podem se desprender do endotélio e comprometer por completo a passagem de sangue em vasos menores. Quando esses vasos menores são aqueles que nutrem o miocárdio ou o tecido cerebral, ocorrem, respectivamente, o infarto e o acidente vascular encefálico, que são, na verdade, o resultado da isquemia e consequente hipóxia causadas nesses tecidos, gerando a morte celular (Libby et al., 2010; Gómez-Guerrero; Mallavia; Egido, 2011; Dias; Seluianov; Lopes, 2017).

Outro problema muito sério relacionado aos fatores de risco é a obesidade. Na maioria dos casos, ela é decorrente principalmente de maus hábitos alimentares e de uma vida sedentária. Em particular, a obesidade abdominal é muito perigosa e, ao lado do sedentarismo, é o "carro-chefe" da condição denominada *síndrome metabólica*, entendida como a existência de diversas doenças inter-relacionadas; por exemplo, é bem comum que homens hipertensos tenham perfil lipídico sanguíneo alterado e sejam também obesos e diabéticos tipo II.

O National Heart, Lung, and Blood Institute (citado por Beilby, 2004) considera que a síndrome metabólica pode ser identificada quando o indivíduo apresenta pelo menos três dos indícios listados a seguir:

- Obesidade abdominal: circunferência da cintura > 102 cm em homens e 88 cm em mulheres;
- Hipertrigliceridemia: > 150 mg/dL;
- Baixos níveis de lipoproteína de alta densidade HDL-C: < 40 mg/dL em homens e < 50 mg/dL em mulheres;
- Pressão arterial alta: > 130/85 mmHg;
- Níveis altos de glicemia em jejum: > 100 mg/dL.

Posto que a obesidade esteja quase sempre presente em casos de síndrome metabólica, nem sempre o indivíduo que apresenta certo acúmulo de gordura corporal e elevado valor absoluto de lipoproteína de baixa densidade (colesterol LDL) tem outros problemas metabólicos. A prática de atividades físicas e sobretudo de exercícios físicos bem orientados, mesmo quando o indivíduo continua obeso, mostra-se efetiva em propiciar efeitos benéficos à saúde. Sabe-se que pessoas magras, principalmente quando sedentárias, podem ter arteriosclerose e, em alguns casos, obesos podem demonstrar ser relativamente "saudáveis". O exercício físico é capaz de promover também efeito protetor sobre os vasos sanguíneos e ajudar a prevenir o diabetes tipo II, especialmente o treinamento que ativa o sistema endócrino na liberação de hormônios anabólicos (Seluianov, 2001; Nikulin; Rodionova, 2011; Dias; Seluianov; Lopes, 2017). Vale enfatizar que a obesidade é sempre indesejável, visto que, mesmo no caso do obeso que não apresenta problemas como hipertensão, diabetes tipo II ou alterações em exames de sangue, ela causará fadiga, desconforto, sobrecarga articular etc.

5.1.1 O papel do profissional de educação física

Como vimos, existem muitos fatores atrelados ao desenvolvimento das doenças crônicas, sendo muito difícil estabelecer uma única causa para elas. Graças ao entendimento dessa rede de causalidade entre os diversos fatores de risco (tabagismo, sedentarismo etc.), é possível que diferentes profissionais da área da saúde (médicos, fisioterapeutas, enfermeiros, educadores físicos, nutricionistas, farmacêuticos, entre outros) sejam capazes de orientar as pessoas de uma forma generalizada sobre como levar uma vida mais saudável. No entanto, é importante destacar que recomendações generalizadas (por exemplo, falar sobre a necessidade de uma vida fisicamente ativa; ter bons hábitos alimentares; dedicar tempo ao lazer e ao sono; evitar maus hábitos, como tabagismo e alcoolismo) são informações muito triviais, principalmente quando consideramos o mundo globalizado e informatizado em que vivemos, no qual todos os dias em todas as formas de mídia tais informações são reforçadas.

Acreditamos que, em essência, o foco deve ser entender qual é o papel do profissional de educação física nesse contexto. Sendo o educador físico responsável pela orientação na prática de exercícios físicos, é preciso que ele conheça os mecanismos fisiológicos ligados às doenças e saiba como intervir em cada caso.

Como já mencionamos, recomendar uma vida fisicamente ativa é uma informação completamente trivial e citada todos os dias em programas de televisão e na internet; todavia, é da incumbência do educador físico compreender como cada meio e método de exercício físico pode ter impacto sobre a saúde das pessoas em diferentes estados. Por exemplo, atualmente, sabemos que, para melhorar o estado dos ossos de pessoas que sofrem com osteopenia ou osteoporose, são recomendados, dependendo do grau de desenvolvimento da doença, exercícios que tenham algum impacto sobre os ossos, como exercícios de sustentação e até mesmo musculação. Porém, muitas pessoas são orientadas a fazer hidroginástica, que, na verdade, só deveria ser sugerida em casos severos, com pacientes muito debilitados, visto que as atividades aquáticas diminuem a ação gravitacional sobre o esqueleto, algo que não é nem de longe recomendado para pacientes com osteopenia e osteoporose. Da mesma forma, sabemos que o treinamento aeróbio cíclico de intensidade moderada e de longa duração pode ter efeitos benéficos para a saúde, contudo é concorrente com o treinamento de força e acaba sendo contraprodutivo em caso de sarcopenia[1]. Paralelamente a isso, exercícios de força complexos e intensos, em alguns casos, podem não ser recomendados para hipertensos, como veremos mais adiante neste capítulo.

Diante do que já foi exposto, cabe ainda ressaltar que o professor de educação física, na condição de profissional da área da saúde, deve dar orientações gerais a respeito de um estilo de vida saudável aos alunos e, ao mesmo tempo, sabendo das próprias limitações técnicas e respeitando a ética profissional, recomendar também a consulta a profissionais da saúde especialistas em outras áreas. Por exemplo, é bem comum que pessoas obesas não consigam emagrecer apenas com exercício físico; embora essa prática promova processos como a lipólise e a oxidação de lipídeos, uma dieta irracional pode comprometer completamente o emagrecimento. Eventualmente, nem mesmo um nutricionista

[1] Perda de massa muscular com o avanço da idade.

consegue resolver o problema caso o indivíduo sofra de transtornos psicológicos, demandando às vezes a intervenção de um psicólogo e o auxílio médico.

É preciso alertar neste ponto que não estamos desencorajando o profissional de educação física a buscar conhecimentos sobre nutrição, farmacologia e outras áreas. Sem sombra de dúvida, entender as funções dos macro e micronutrientes no funcionamento do organismo ou compreender os mecanismos de ação de medicamentos betabloqueadores e também anti-inflamatórios só enriquece e ajuda o trabalho desse profissional na hora de elaborar programas de treinamento. No entanto, os profissionais de educação física não devem se atrever a elaborar cardápios para pessoas obesas ou que querem ganhar massa muscular nem muito menos receitar medicamentos para praticantes que se queixam de dores articulares.

Portanto, cabe ao professor conhecer quais são os mecanismos fisiológicos que caracterizam as doenças crônicas e como manipular as variáveis fisiológicas para que o exercício físico traga benefícios para o aluno. Em outras palavras, o trabalho do profissional de educação física ao intervir em uma determinada população é, em primeiro lugar, elaborar e aplicar um programa de exercício físico cujas metas e objetivos estejam em conformidade com as particularidades do indivíduo. Em segundo lugar, em virtude dos conhecimentos generalizados sobre os fatores de risco associados a determinada doença, ao identificar qualquer problema que esteja além da esfera do exercício físico, deve recomendar a consulta ou solicitar o auxílio de outros profissionais com competências específicas, como nutricionistas, médicos e fisioterapeutas.

5.2 Obesidade: aspectos relevantes

A obesidade no Brasil vem crescendo de forma considerável. Segundo dados do Ministério da Saúde, entre 2006 e 2018, os obesos passaram de 11,8 para 19,8% (Brasil, 2019a, 2019b). É de conhecimento geral que a obesidade está altamente ligada à dieta irracional e ao sedentarismo, entretanto outros fatores também são relevantes por influenciarem indiretamente o processo. Por exemplo, em virtude de uma carga horária mais elevada de trabalho, estresse diário devido a diversas responsabilidades pessoais e profissionais, tempo perdido com trânsito etc., grande parte dos brasileiros acaba por optar pelas praticidades que facilitam a vida. Por vezes, isso pode culminar em consequências negativas para a saúde, começando com a obesidade, que pode ser a premissa para o desenvolvimento de outras doenças. Por isso, é relevante frisar que as pessoas devem ter em mente que o cuidado com a saúde é um princípio fundamental que não deve ser quebrado. Somente assim há a motivação adequada para que a pessoa não ceda ante as facilidades cotidianas e procure, por exemplo, dedicar tempo ao preparo de alimentos saudáveis em vez de consumir alimentos prontos; dedicar pelo menos uma hora por dia a exercícios físicos em vez de buscar distração na televisão ou em recursos na internet, como redes sociais; percorrer distâncias curtas a pé em vez de fazer uso de automóvel; subir escadas em vez de usar elevadores etc.

Em termos fisiológicos, o problema da obesidade vem sendo vinculado ao que hoje se conhece como *inflamação sistêmica crônica de baixa intensidade*. Essa parece ser a explicação para o fato de a obesidade ser uma das principais causas da síndrome metabólica. Na atualidade, está claro que o tecido adiposo pode ser considerado um órgão endócrino, visto que ele é capaz de liberar na corrente sanguínea hormônios e citocinas (Powers; Howley, 2014).

Em condições normais, ou seja, quando o indivíduo é saudável e não é obeso, as células do tecido adiposo sintetizam e liberam hormônios anti-inflamatórios, como a adiponectina. Todavia, em caso de obesidade, principalmente quando somada ao acúmulo de gordura visceral, a situação é um pouco diferente. Nesse estado, distintas adipocinas pró-inflamatórias são liberadas, como a interleucina 6 (IL-6), o fator de necrose tumoral-alfa (TNF-α) e a leptina.

A inflamação crônica de baixa intensidade é uma condição fisiológica do organismo que ocorre quando o tecido adiposo visceral libera ácidos graxos livres (AGL), IL-6 e TNF-α. Aliado a essa inflamação, o fígado produz a proteína C reativa (PCR) e, em seguida, a combinação de todas essas moléculas age interferindo na ação da insulina, ou seja, diminui a sensibilidade dos tecidos a esse hormônio. Dessa forma, a inflamação crônica está associada ao diabetes tipo II, à doença cardiovascular e à síndrome metabólica (Mathur; Pedersen, 2008; Prado et al., 2009; Gustafson, 2010; Rizvi, 2010; Wang; Nakayama, 2010; Van de Voorde et al., 2013).

Além do diabetes tipo II, a obesidade também está relacionada à doença coronariana e à hipertensão. Hoje em dia, a PCR tem sido usada como marcador de inflamação e constitui fator de risco de cardiopatia, mesmo não se sabendo ao certo se está diretamente envolvida com o processo arteriosclerótico (Libby et al., 2010). Cabe ainda enfatizar que dietas racionais têm alcançado bons resultados na diminuição dos níveis de adipocinas inflamatórias (Esposito et al., 2011) e, obviamente, no emagrecimento (Hooper et al., 2015).

5.2.1 Exercícios físicos e emagrecimento

O exercício físico tem sido empregado como uma importante ferramenta para promover o emagrecimento. O organismo utiliza dois processos importantes relacionados ao emagrecimento no exercício:

1. oxidação de lipídeos – processo no qual as mitocôndrias utilizam os ácidos graxos para a produção de ATP (adenosina trifosfato) aerobicamente;
2. lipólise – processo de quebra de triglicerídeos em ácidos graxos livres e glicerol.

Durante a prática de exercícios aeróbicos, especialmente os exercícios cíclicos contínuos com intensidade moderada, as reservas de gordura intramusculares são oxidadas nas mitocôndrias. Como resultado, o músculo produz ATP para a execução do trabalho e libera dióxido de carbono (CO_2) e água (H_2O). O músculo tem reservas de gordura para executar exercícios por aproximadamente de 1 a 1,5 hora. Quando as reservas energéticas musculares são depletadas, elas podem ser repostas tanto via nutricional quanto via lipólise no tecido adiposo (Breslav; Volkov; Tambovtseva, 2013; Volkov et al., 2013).

O tecido adiposo tem reservas bem maiores de gordura do que o músculo esquelético; logo, os adipócitos são capazes de quebrar os triglicerídeos em ácidos graxos e liberá-los na corrente sanguínea, onde posteriormente esses ácidos podem encaminhar-se para o músculo esquelético e ser usados para produção de energia.

Com base no que foi explicado nos dois últimos parágrafos, por muitos anos as orientações de exercício para o emagrecimento se concentraram exclusivamente no treinamento aeróbio de baixa intensidade, uma vez que todo o processo era entendido como cíclico e sem fim. Nesse contexto, o exercício de baixa intensidade depleta os estoques de gordura muscular, depois o tecido adiposo libera mais ácidos graxos para serem oxidados nos músculos e, com um balanço calórico negativo (gasto calórico maior do que o consumo), o indivíduo emagrece. De forma geral, podemos afirmar que tal estratégia funciona, porém nem sempre é a mais eficiente. Isso se deve ao fato de que, para que o tecido adiposo libere ácidos graxos, é necessária a sinalização hormonal. Sabe-se que alguns hormônios podem promover a lipólise, como o hormônio do crescimento (GH) e os hormônios do estresse (adrenalina, noradrenalina, cortisol); contudo, o sistema endócrino responde melhor aos exercícios de alta intensidade (Eliceev; Kulik; Seluianov, 2014).

O próprio hormônio do crescimento pode ter sua concentração sanguínea elevada em mais de 10 vezes quando a concentração de lactato sanguíneo é aumentada (Kraemer; Ratames, 2006; Seluianov; Sarsania; Zaborova, 2012). Durante e após os exercícios de alta intensidade que recrutam fibras rápidas, o consumo excessivo de oxigênio (conhecido como EPOC) pode ficar elevado por mais de 60 minutos em virtude dos processos de oxidação do lactato no ciclo de Cori[2] e metabolização das catecolaminas[3]. As catecolaminas aumentam justamente em decorrência do déficit energético no músculo, que sinaliza os centros respiratórios para aumentar as frequências cardíacas e respiratórias no exercício (Powers; Howley, 2014).

Os exercícios de intensidade elevada (no nível ou acima do limiar anaeróbio) tendem a utilizar preferencialmente os carboidratos, tendo em vista que o lactato metabolizado nas fibras oxidativas inibe a oxidação de lipídeos. Entretanto, paralelamente a isso, em razão das respostas endócrinas, a lipólise é mais eficientemente ativada, mobilizando ácidos graxos do tecido adiposo. Nos últimos anos, diversas pesquisas apontaram que vários protocolos de treinamento intervalado de alta intensidade (conhecido como HIIT[4]) têm apresentado efeitos relevantes no processo de emagrecimento e no aumento da densidade mitocondrial (Gibala et al., 2012; Buchheit; Laursen, 2013; Scribbans et al., 2014; Edgett et al., 2016; Inoue et al., 2016; Casuso et al., 2017; Maclnnis; Gibala, 2017).

---

[2] Processo de conversão de lactato em glicose no fígado.

[3] Hormônios liberados pela medula suprarrenal: adrenalina e noradrenalina.

[4] Sigla do inglês para *High-Intensity Interval Training*, que significa "treinamento intervalado de alta intensidade".

Seluianov (2001) sugere combinar exercícios de alta e baixa intensidade para promover o máximo emagrecimento. Nessa direção, o autor indica que no início da sessão de exercícios seja utilizado o trabalho aeróbio cíclico de baixa intensidade (no limiar aeróbio) por 40 a 60 minutos com o intuito de oxidar por completo ou pelo menos significativamente os estoques de lipídeos intramusculares, poupando assim o glicogênio e fazendo com que o músculo fique carente de gordura. Posteriormente, na mesma sessão, utiliza-se exercício de alta intensidade, como o HIIT ou a própria musculação com exercícios que envolvam grandes grupamentos musculares, para a depleção de glicogênio e a produção de lactato, que, como consequência, causarão respostas endócrinas e lipólise. Dessa forma, os ácidos graxos provindos do tecido adiposo podem endereçar-se para o músculo carente de lipídeos.

Apesar de essa estratégia de combinação de diferentes intensidades parecer muito lógica, previamente devem ser considerados problemas que já existem, tendo em vista que com certa frequência obesos apresentam a síndrome metabólica. Por exemplo, utilizar exercícios de alta intensidade, principalmente aqueles que intensificam a manobra de Valsalva[5], com indivíduos que são hipertensos e já têm seus vasos sanguíneos tomados pela arteriosclerose pode ser uma péssima ideia. Por isso, ao longo deste capítulo, diferentes estratégias de exercício serão apresentadas para distintos problemas de saúde.

Como já vimos, diferentes doenças que se manifestam junto à obesidade requerem diferentes abordagens para o exercício físico, porém destacamos que, independentemente da presença ou não da síndrome metabólica ou da efetividade do programa de exercícios na lipólise ou na oxidação de lipídeos, o acompanhamento nutricional é simplesmente imprescindível. O exercício físico

[5] Expiração forçada com a glote fechada com consequente aumento da pressão intratoráxica e diminuição do retorno venoso.

por si só, diante de maus hábitos alimentares, pode até promover benefícios à saúde, mas pode ser inútil no que concerne ao emagrecimento. Com o intuito de facilitar o entendimento da questão, faremos a seguir uma analogia, comparando o organismo ao funcionamento de um carro.

Imagine que os adipócitos sejam o tanque de combustível de um carro, os lipídeos presentes nos adipócitos sejam o combustível propriamente dito e o motor seja o músculo esquelético. Quando um carro se locomove, ele precisa queimar o combustível, convertendo energia química em energia mecânica (movimento), assim como ocorre no exercício – as contrações musculares utilizam o ATP, que é o produto da oxidação lipídica. Quanto mais o carro anda, mais combustível gasta, assim como o exercício físico, porém, quando o tanque do carro está vazio, é preciso reabastecê-lo no posto de gasolina. A cada refeição que fazemos é como se estivéssemos parando o carro no posto. Assim, considerando a frequência com que nos alimentamos, nosso tanque nunca fica vazio, ou seja, será difícil perdermos gordura, pois é muito importante queimar mais combustível do que repor combustível se quisermos esvaziar o tanque (emagrecer).

Apesar de a analogia oferecer um certo entendimento sobre o processo de queima e reposição energética, precisamos compreender que nossa alimentação é mais do que o simples combustível para a contração muscular. Em nossa alimentação existem os macronutrientes, como as proteínas, os carboidratos e as gorduras, e os micronutrientes, como as vitaminas e os minerais. Além da função energética, os nutrientes têm funções estruturais (como as proteínas) e "funcionais" (como as vitaminas e os minerais) que têm relevância no metabolismo. Em outras palavras, se voltarmos à analogia com o carro, é como se, ao tratarmos de nutrição, não falássemos só da gasolina no tanque do carro, mas também da troca de óleo, fluidos diversos, água no radiador etc. Assim, sabemos que é importante ter uma alimentação correta para mantermos nosso corpo funcionando adequadamente, porém nem todo nutriente tem valor energético, ou seja, certos nutrientes não engordam.

Desse modo, por meio de uma dieta racional, é totalmente viável causar déficit energético sem carecer de nutrientes essenciais para a saúde e sem necessariamente "passar fome". Até mesmo diante da ingestão da mesma quantidade de calorias é possível obter diferentes resultados. Por exemplo, o consumo de carboidratos complexos (polissacarídeos) tem uma absorção mais lenta em virtude de sua complexidade, pois esses carboidratos devem ser quebrados até serem transformados em glicose. Assim, a glicemia (concentração de glicose no sangue) não cresce tão rapidamente. Quando consumimos carboidratos mais simples, como a sacarose (açúcar de mesa), a glicemia cresce velozmente, fazendo com que o pâncreas libere a insulina e os adipócitos armazenem mais energia, convertendo glicose em gordura.

Nosso objetivo aqui não é explicar profundamente a nutrição, mas enfatizar sua relevância e o fato de que não pode ser ignorada. Por isso, sempre diante da prescrição de um programa de exercícios voltado para o emagrecimento, é importante que o profissional de educação física recomende que o praticante também consulte um profissional habilitado para tratar de nutrição, ou seja, um nutricionista.

5.3 Diabetes e exercícios físicos

O diabetes *mellitus* é uma doença caracterizada por hiperglicemia resultante da secreção inadequada de insulina (tipo I) ou da redução da ação da insulina (tipo II), ou de ambas as situações. O diabetes tipo I ocorre com maior frequência em jovens e é causado por infecções virais; já o diabetes tipo II atinge pessoas de idade avançada e pessoas de meia-idade que sejam sedentárias e geralmente obesas (Powers; Howley, 2014).

A glicemia elevada de forma contínua lesiona e mata indiretamente, por causar cegueira, doença renal, cardiopatia e doença vascular periférica. O diabetes tipo I apresenta sintomas como:

- vontade frequente de urinar;
- muita sede;
- fome incomum;
- rápida perda de peso;
- debilitação e fadiga;
- irritabilidade, náuseas e vômito.

No caso do diabetes tipo I, o indivíduo não produz a insulina, portanto é necessária a utilização de injeções de insulina exógena para que seja mantida a glicemia normal. Comumente os diabéticos tipo I utilizam dois tipos de insulina, uma de ação rápida e outra de ação lenta. Em virtude disso, os cuidados na prática de exercício físicos estão mais focados no risco de hipoglicemia do que na hiperglicemia, situação que discutiremos adiante.

No caso do diabetes tipo II, o problema não está relacionado com a produção de insulina, mas com a sensibilidade da insulina nos tecidos. Como vimos anteriormente, ocorre a diminuição da ação da insulina nos tecidos em decorrência da inflamação crônica de baixa intensidade. Os sintomas típicos do diabetes tipo II incluem:

- sede e boca seca;
- fome;
- fadiga;
- cicatrização lenta de feridas na pele;
- mudanças de peso inexplicáveis;
- dano nervoso com sensações de formigamento em membros, pés e mãos.

A sede e a fome incomuns, características do diabetes tanto do tipo I quanto do tipo II, se devem a diferentes razões: quando as células não captam a glicose plasmática, os rins trabalham para tentar controlar a glicemia; assim, o volume plasmático diminui e a urinação se torna frequente (valores mais elevados de glicose são observados na urina), motivo pelo qual o indivíduo sente mais sede. Por outro lado, o aumento do metabolismo dos lipídeos pode ser a causa da fome e da fadiga. Já os danos observados no diabetes tipo II estão relacionados com o fato de a glicemia, em muitos casos, ficar elevada por longos períodos.

Como se sabe, o exercício físico utiliza carboidratos como fonte de energia no músculo, causa a liberação do glicogênio do fígado (glicogenólise) e ainda estimula a síntese de glicogênio no músculo. Em razão disso, não é de surpreender que o exercício físico acompanhado de recomendações dietéticas seja empregado como uma ferramenta fundamental no controle da glicemia e no tratamento de pessoas com diabetes (Powers; Howley, 2014). No entanto, em alguns casos podem existir diferenças no que concerne às recomendações de exercício físico para os diabéticos tipos I e II. Nas seções a seguir, discutiremos esse tema mais detalhadamente.

5.3.1 Exercícios para diabéticos tipo I

O diabético tipo I é, como explicamos, aquele que injeta insulina. Quando o diabético é controlado, ele apresenta uma quantidade suficiente de insulina para estimular a captação de glicose no músculo durante o exercício, podendo equilibrar a glicemia, tendo em vista que, durante o exercício, o fígado libera glicose em resposta à ação dos hormônios do estresse e do glucagon. Paralelamente, um diabético não controlado que injeta uma dose inadequada de insulina pode apresentar aumento de glicemia em virtude de o músculo não captar a glicose na mesma velocidade em que o fígado a libera (Nikulin; Rodionova, 2011).

A maior preocupação do diabético tipo I durante o exercício é a hipoglicemia. Considerando-se que existe uma certa variabilidade de resposta dos índices de glicose plasmática com a prática de exercício físico e que o controle metabólico pode ser feito tanto nas intervenções nutricionais quanto na mudança das doses de insulina quando o indivíduo faz a automonitorização, às vezes a prática de exercícios pode ser desencorajada. Além disso, existem certas contraindicações de exercícios físicos para diabéticos, uma vez que alguns deles podem aumentar a gravidade dos problemas já presentes. Por exemplo, a pressão arterial elevada causada pelo exercício intenso pode piorar lesões na retina. Há também a preocupação com os rins motivada pela diminuição do fluxo sanguíneo nesse órgão, visto que o exercício redireciona mais o fluxo para os músculos ativos. Ademais, a lesão nos nervos periféricos pode bloquear sinais vindos do pé, de forma que pode ocorrer uma lesão sem que ela seja percebida. Além das particularidades da prescrição, é importante que sejam usados calçados adequados ao exercício (Verity, 2010).

Apesar dos problemas relatados, sabe-se que os benefícios do exercício físico são inestimáveis à saúde. Por isso, o diabético tipo I deve, sim, ser encorajado e estimulado a praticar exercícios, porém ele deve ser bem orientado e ter suas particularidades consideradas.

Para evitar problemas com a hipoglicemia em programas de treinamento, a Associação Americana de Diabetes (American Diabetes Association, 2004) recomenda que os diabéticos tipo I devem fazer uma monitorização cuidadosa da glicemia antes, durante e depois da sessão de treinamento, além de mudar a ingestão de carboidratos e aplicar a insulina em conformidade com o nível de condicionamento do indivíduo e o volume e intensidade do exercício.

Assim, conforme Powers e Howley (2014), para o controle metabólico antes da atividade física, os diabéticos tipo I devem:

- evitar atividade física se os níveis de glicose em jejum estiverem > 250 mg/dL e se estiver ocorrendo cetose;
- ingerir carboidratos se os níveis estiverem < 100 mg/dL.

Ainda segundo Powers e Howley (2014), para a monitorização da glicose antes e depois da atividade física, os diabéticos tipo I devem:

- identificar quando há necessidade de mudanças na insulina ou na ingestão de alimentos;
- aprender como a glicemia responde a diferentes tipos de atividade física.

Com relação à ingestão de alimentos, de acordo com Powers e Howley (2014), os diabéticos tipo I devem:

- ingerir mais carboidratos, conforme a necessidade, para evitar a hipoglicemia;
- considerar que alimentos ricos em carboidratos devem estar prontamente disponíveis durante e depois da atividade física.

São recomendações do American College of Sports Medicine (ACSM), citado por Colberg et al. (2010), para diabéticos tipo I, com relação ao treinamento aeróbio:

- exercitar-se de 3 a 7 dias por semana;
- fazer 20-60 minutos por sessão, ou pelo menos 150 minutos semanais de atividade moderada ou 75 minutos de atividade intensa;
- preferir natação e ciclismo caso haja contraindicação para atividades com sustentação do próprio peso;
- trabalhar com a frequência cardíaca de 50 a 80% da frequência cardíaca de reserva.

Com relação ao treinamento de força, a instituição recomenda:

- exercitar-se de 2 a 3 vezes por semana;
- trabalhar com 60 a 80% de 1 RM (repetição máxima);
- executar de 8 a 12 exercícios para grandes grupos musculares, evitando a manobra de Valsalva.

5.3.2 Exercícios para diabéticos tipo II

Além da obesidade, estudos sugerem que o diabetes tipo II parece também estar ligado ao sedentarismo, ou seja, não é preciso ser necessariamente obeso para ser diabético tipo II. Paralelamente, outras pesquisas demonstram que o exercício físico é uma excelente ferramenta tanto para a prevenção quanto para o tratamento do diabetes tipo II, assim como de doenças coronárias, sendo o estilo de vida fator determinante, principalmente quando o diabético é idoso (Grgic et al., 2018; Kimata; Willcox; Rodriguez, 2018).

O treinamento frequente é uma ótima recomendação para o diabético tipo II em razão de o músculo esquelético, quando treinado, ser capaz de captar glicose independentemente da ação da insulina (Richard, 2008). Além disso, o exercício reduz a inflamação crônica de baixa intensidade (um dos fatores causadores da resistência à insulina), pois o tecido muscular libera a IL-6, mas não libera TNF-α. Nessa circunstância, a IL-6 tem influência anti-inflamatória por inibir o efeito de outras citocinas inflamatórias e elevar a concentração de outras citocinas anti-inflamatórias (Mathur; Pedersen, 2008; Pedersen; Edward, 2009; Brandt; Pedersen, 2010). Assim, o exercício pode ajudar tanto na captação da glicose, controlando a glicemia, quanto no aumento da sensibilidade à insulina em outros tecidos.

Outro fator crucial relativo ao exercício físico em caso de diabetes é que, embora o diabetes tipo II possa estar atrelado ao sedentarismo, mesmo que de forma independente da obesidade, na grande maioria dos casos, os diabéticos tipo II são obesos. Quanto a essa problemática, o exercício mobiliza ácidos graxos e é uma excelente forma de emagrecimento quando associado a uma dieta racional. Desse modo, o exercício pode ajudar o diabético tipo II a evitar o uso de medicação oral para estimular a maior produção de insulina.

Mesmo diante do fato de o diabetes tipo I e o diabetes tipo II apresentarem particularidades que os diferem, as recomendações de exercício em alguns casos podem ser parecidas. Nesse contexto, vale frisar que a combinação entre treinamento de resistência aeróbia e treinamento de força proporciona maiores benefícios ao diabético do que o treinamento isolado aeróbio ou de força (Powers; Howley, 2014). Porém, é preciso considerar que grande parte dos diabéticos tipo II também pode apresentar obesidade e hipertensão. Nesse caso, é possível que algumas adaptações devam ser feitas no treinamento de força e no treinamento aeróbio, as quais serão descritas na próxima seção.

5.4 Prescrição do treinamento para hipertensos

A pressão arterial nada mais é do que a pressão que o sangue exerce sobre a parede das artérias como resultado do batimento cardíaco. Assim, ela pode ser dividida em:

- pressão sistólica – pressão que o sangue exerce sobre as artérias no momento da sístole ventricular;
- pressão diastólica – pressão que o sangue exerce sobre as artérias no momento do relaxamento dos ventrículos do coração.

A pressão arterial normal (sistólica/diastólica) equivale a 120 por 80 mmHg (milímetros de mercúrio); geralmente, as mulheres podem apresentar valores um pouco mais baixos, como 110 por 70 mmHG. Quando a pressão arterial sistólica está na faixa de 120 a 139 mmHg e a pressão diastólica na faixa de 80 a 89 mmHg, considera-se que há pré-hipertensão. Os valores acima de 140 por 90 mmHg já são considerados hipertensão (Wilmore, Costil; Kenney, 2013).

A pressão arterial se altera principalmente em virtude do débito cardíaco mais elevado e da resistência vascular periférica. Além disso, o volume plasmático, a viscosidade do sangue e a distensibilidade dos vasos sanguíneos também podem ter influência. Em geral, os hipertensos controlam a pressão com diversos medicamentos, alguns dos quais são diferentes tipos de betabloqueadores que controlam o aumento da frequência cardíaca e inibem a vasoconstrição. Por outro lado, também existem hipertensos que utilizam diuréticos e inibidores da enzima conversora de angiotensina II (Powers; Howley, 2014).

O risco de doença coronariana aumenta com a elevação nos valores de pressão arterial em repouso (Wang; Nakayama, 2010) e a isquemia cardíaca pode ocorrer na presença de arteriosclerose. Contudo, a arteriosclerose e a hipertensão não estão obrigatoriamente sempre juntas. Não é tão raro, por exemplo, pessoas fisicamente ativas e até mesmo atletas de modalidades esportivas de força terem alguma hipertensão, mas não necessariamente arteriosclerose. Da mesma forma, existem pessoas aparentemente sadias e magras, mas com placas de gordura nos vasos sanguíneos. Isso se deve ao fato de os mecanismos de desenvolvimento das doenças serem diferentes, embora diversas vezes as causas sejam semelhantes, como o sedentarismo e a má alimentação.

Na atualidade, sabe-se que a arteriosclerose se forma na ocorrência de lesão tecidual, ou seja, de rompimento de células do endotélio (Seluianov, 2001; Dias; Seluianov; Lopes, 2017). Logo após a lesão no endotélio, acontece o processo de inflamação, no qual os leucócitos (monócitos e células T) se ligam às moléculas de adesão no sítio da lesão. Na sequência, as células endoteliais liberam citocinas que atraem o monócito para dentro da íntima (região do endotélio); lá os monócitos amadurecem e se transformam em macrófagos que desenvolvem receptores *scavenger*[6] em sua superfície e passam a ingerir o colesterol LDL. Com isso, os macrófagos se convertem em células espumosas e junto das células T formam as estrias gordurosas. Posteriormente, os

[6] Receptores dos macrófagos que ingerem o LDL.

macrófagos se multiplicam e o tamanho da placa de gordura aumenta, fazendo com que células do músculo liso se desloquem para a camada superior da íntima, formando, junto com as células do tecido conjuntivo, uma matriz fibrosa sobre a placa de gordura. Conforme as células espumosas liberam sinais inflamatórios, a matriz fibrosa enfraquece e se rompe; nesse caso, o conteúdo liberado da célula espumosa interage com fatores presentes no sangue e forma um coágulo que, por vezes, é capaz de obstruir totalmente uma artéria ou desprender-se da artéria e obstruir vasos menores (Powers; Howley, 2014).

Seluianov (2001) propõe que esses acontecimentos só ocorrem nos tecidos que estão com seus processos plásticos perturbados ou violados. Normalmente, a vida útil de uma célula de endotélio varia de 100 a 180 dias. Assim, uma das primeiras causas de transtorno nos processos plásticos do endotélio é a perturbação no equilíbrio hormonal no sangue, fato que influencia o metabolismo dos carboidratos e das gorduras nas células de todo o organismo. No endotélio, de acordo com Dias, Seluianov e Lopes (2017), esse fenômeno pode incentivar a separação de células endoteliais e acelerar a penetração de lipoproteínas de baixa densidade para dentro das paredes das artérias, criando protusões que farão com que o calibre do vaso diminua.

A combinação entre hipertensão e arteriosclerose é perigosa em razão do grande risco de isquemia cardíaca, que é a principal causa de morte dos seres humanos. Existem diversas recomendações de exercício físico e dietéticas para prevenir e tratar tanto a pressão arterial quanto a arteriosclerose. No que concerne às recomendações dietéticas para o controle da pressão arterial, destacam-se a diminuição da ingestão de sal e a redução da ingestão calórica para hipertensos com sobrepeso. Com relação à arteriosclerose, é interessante diminuir o consumo de gorduras animais e outras ricas em colesterol; além dessas recomendações dietéticas, também é importante evitar o hábito de fumar (Chobanian et al.,

2003; Hooper et al., 2015; Dias; Seluianov; Lopes, 2017). Já quando se fala em exercício físico, o treinamento diário de resistência aeróbia de 30 ou mais minutos de duração está vinculado à diminuição da pressão arterial (Carnethon et al., 2010). Embora pessoas hipertensas não obtenham os mesmos resultados, o treinamento aeróbio é indicado por propiciar vários benefícios. Somado a isso, é recomendado o treinamento de força na faixa de 60 a 80% de uma contração muscular máxima (Skinner, 2005; Gordon, 2009).

Apesar das recomendações de treinamento aeróbio de força, Seluianov (2001) destaca que o maior risco para hipertensos é a combinação dessa doença com a arteriosclerose. Segundo o autor, os exercícios que mais promovem a melhora da saúde e da qualidade de vida são aqueles que elevam a concentração de hormônios anabólicos no sangue. Nesse contexto, não é novidade que o treinamento de força de alta intensidade apresenta vantagem em comparação com o treinamento aeróbio (Kraemer; Ratames, 2006; Viru; Viru, 2008).

Entretanto, como apontado por Seluianov (2001), pessoas com arteriosclerose podem ter seu problema agravado com o treinamento de força de alta intensidade em razão do fato de a pressão arterial crescer substancialmente no momento da execução desses exercícios. Assim, as placas arterioscleróticas podem se desprender das artérias no pico de pressão arterial observado no treinamento de força de alta intensidade. Por outro lado, o treinamento aeróbio, apesar de auxiliar na diminuição da pressão arterial e no emagrecimento, não oferece respostas endócrinas anabólicas tão evidentes. Logo, surge um problema: Se o treinamento de força de alta intensidade, em virtude das respostas hormonais, ajuda a tratar a arteriosclerose a médio prazo, mas coloca em risco a saúde do indivíduo, pelo aumento imediato da pressão, e se o treinamento aeróbio não promove necessariamente a melhora no estado dos vasos sanguíneos com arteriosclerose, o que fazer?

Para responder a essa questão, é pertinente considerar as recomendações de Dias, Seluianov e Lopes (2017), segundo os quais os exercícios devem envolver pouca massa muscular e também ser executados na posição deitada.

Exercícios como rosca concentrada (unilateral), mesmo quando executada até a falha muscular com elevados níveis de fadiga, pouco sobrecarregam o sistema cardiovascular, ou seja, a frequência e o débito cardíaco pouco se alteram, assim como a pressão arterial e o duplo produto[7]. Isso acontece porque o bíceps braquial e os músculos do antebraço têm um consumo de oxigênio máximo que, somado, não chega nem perto do $VO_{2\,max}$ do indivíduo. Ao contrário, exercícios que envolvem bastante massa muscular, como o arremesso do levantamento de peso olímpico ou o agachamento com grandes tensões musculares, ativam muitos músculos ao mesmo tempo, fazendo com que o consumo de oxigênio de todos esses músculos somados seja muito elevado e, por conseguinte, a frequência cardíaca e o débito cardíaco disparem e a pressão arterial cresça consideravelmente. Portanto, os exercícios na posição deitada são recomendados porque nessa posição o sistema cardiovascular enfrenta menor carga.

Com base nos argumentos expostos, é interessante que o hipertenso treine em forma de circuito, alternando exercícios que envolvam pouca massa muscular e unilaterais com exercícios na posição deitada. O circuito é recomendado por ser um método que utiliza vários exercícios de diferentes grupos musculares sem pausas para descanso. Desse modo, nenhum exercício sobrecarrega o sistema cardiovascular, mas o efeito sumário da produção de lactato de todos os músculos ao longo da sessão de treinamento faz com que a resposta endócrina seja expressiva.

Além disso, para Seluianov (2001) e Dias, Seluianov e Lopes (2017), o método Isoton é uma excelente ferramenta para

---

[7] Para relembrar esse conceito, ver Seção 2.3.1.

promover a saúde dos hipertensos que apresentam arteriosclerose. No entanto, é importante que sejam realizados o controle e o cuidado com a pressão arterial durante o treinamento.

5.5 Envelhecimento e exercício físico

O desenvolvimento do ser humano é assim definido:

> *Processo de alterações que acontecem naturalmente no estado dos componentes sistêmicos de realidade social e natural (biológico, morfológico) que caracteriza os seguintes sinais: inter-relação de mudanças quantitativas e qualitativas, sua não aleatoriedade, irreversibilidade em tendência geral a longo prazo. Tais indícios diferenciam o desenvolvimento de outras mudanças operacionais do estado do organismo.* (Matveev, 2010, p. 13, tradução nossa)

O desenvolvimento do ser humano é marcado por três períodos principais: 1) período de crescimento; 2) período reprodutivo; e 3) envelhecimento. Como indicado na citação de Matveev, o envelhecimento é um processo natural, inevitável e irreversível. Nele, ocorrem alterações estruturais na cromatina, acumulam-se mutações genéticas e as células vão perdendo a capacidade de transcrição, tradução, divisão e outros processos que envolvem o DNA (ácido desoxirribonucleico) (Seluianov, 2001; Dias; Seluianov; Lopes 2017; Junqueira; Carneiro, 2018).

Com o envelhecimento, muitas mudanças de natureza tanto biológica quanto psicossocial acontecem. Por exemplo, na terceira idade, problemas como sarcopenia, osteopenia e osteoporose, obesidade, hipertensão, diabetes, doenças cognitivas degenerativas, entre outras, são comuns. Com isso, em muitos casos, o idoso por vezes tem dificuldades de se locomover, de fazer tarefas diárias sem depender de terceiros, fato que acaba refletindo negativamente no estado de saúde dele. Além disso, outros problemas sociais podem ocorrer: idosos têm dificuldades para se relacionar com outras pessoas, fazer amizades, manter um bom relacionamento com familiares e até mesmo ter assunto para conversar (Shepard, 2003).

Em razão dos vários problemas que surgem com o envelhecimento, é necessário ter ciência de como o profissional de educação física deve realizar o trabalho com idosos. Na literatura, encontram-se muitas informações a respeito da importância de grupos de atividades e exercícios físicos para idosos, tendo em vista que, além de atenderem às demandas fisiológicas do organismo deles, abrangem também os aspectos psicossociais. Considerando que este livro tem o objetivo de abordar a prescrição, enfatizaremos o contexto médico e biológico e suas implicações no exercício físico. Porém, ressaltamos que focalizar os aspectos psicossociais é muito válido e, com certeza, eleva a qualidade do trabalho.

Do ponto de vista da prescrição de exercício físico, os idosos são sempre um grande desafio, principalmente em razão da existência frequente de doenças crônicas e de limitações na locomoção. Contudo, o exercício físico é imprescindível tanto para a prevenção das doenças e de sua evolução quanto para o aumento da longevidade e, principalmente, da qualidade de vida (Seluianov, 2001; Nelson et al., 2007).

Quando se trata de capacidade de trabalho ou aptidão física, é importante destacar que todas as capacidades físicas têm decréscimos significativos com o avanço da idade. No que concerne à resistência, a potência aeróbia tende a piorar em torno de 1% por ano a partir de seu valor máximo, que ocorre por volta dos 20 a 40 anos de idade, dependendo da população. Dessa forma, por volta dos 60 anos de idade, a pessoa começa a ter dificuldades para lidar com tarefas do dia a dia de forma confortável. O exercício físico, se executado de modo sistemático ao longo dos anos, faz com que a potência aeróbia apresente apenas metade do declínio quando se comparam indivíduos que praticam exercícios e indivíduos sedentários (Kasch et al., 1990; Jackson et al., 2009). A tendência natural de idosos sedentários é mostrar diferentes tipos de dependência com o passar dos anos, além do aumento do risco de doenças degenerativas. O simples ato de caminhar, por exemplo, em vez de ter uma vida sedentária pode trazer benefícios para o idoso (Kimata; Willcox; Rodriguez, 2018).

Os níveis de força e potência também decrescem significativamente no decorrer dos anos. A força muscular declina em 10% entre os 20 e os 50 anos de idade, mas diminui com velocidade muito maior depois disso. Após os 60 anos de idade, a perda de massa muscular é tão acentuada que, aos 80 anos, o indivíduo pode ter apenas 50% da massa de quando era jovem (Volkov et al., 2013); essa condição é conhecida como *sarcopenia* (Powers; Howley, 2014). A perda de potência e velocidade se deve também ao fato de que, com o passar do tempo, além da tendência de pouca atividade física, as unidades motoras de alto limiar sofrem desenervação das fibras musculares (fibras rápidas), o que acarreta uma severa redução da potência.

A população idosa responde quase tão bem quanto os jovens ao treinamento de força, sendo que os níveis dessa capacidade podem se elevar em cerca de 30% (Peterson et al., 2010). Entretanto, cabe observar que o treinamento de força para idosos deve ser aplicado de forma muito individualizada, ou seja, dependendo do nível da capacidade e dos tipos de limitações, as adaptações são imprescindíveis. São constantes, por exemplo, casos de artrose, hipertensão, obesidade, osteopenia etc. Para cada um desses quadros, o treinamento pode sofrer ajustes específicos.

Outra capacidade física que se deteriora com a idade e frequentemente é ignorada é a flexibilidade. A rigidez muscular e ou miofascial pode acarretar diversos problemas, principalmente articulares e posturais, que podem limitar bastante a locomoção (Myers, 2016). Desse modo, programas de treinamento que combinam força, flexibilidade e equilíbrio são simplesmente indispensáveis para idosos.

Além dessas adversidades relacionadas com a aptidão física, é preciso também considerar os problemas de saúde típicos dos idosos. Como vimos anteriormente neste capítulo, é comum haver idosos com síndrome metabólica, isto é, vários problemas ao mesmo tempo, como hipertensão e arteriosclerose, diabetes tipo II e obesidade. Além disso, com frequência, os idosos sofrem de outros problemas, como osteoporose, sarcopenia, doenças articulares (artrose, artrite, reumatismo) e doenças degenerativas cognitivas.

Uma das enfermidades mais comuns entre os membros da referida população é a osteoporose, caracterizada pela perda de massa óssea, que atinge ambos os sexos, mas apresenta frequência significativa entre mulheres com mais de 50 anos ou após a menopausa. Esse período da vida da mulher é marcado pela falta de estrogênio (hormônio feminino) e uma das consequências disso é justamente a perda de massa óssea. No início, por volta dos 50 a 65 anos, é mais comum a osteoporose tipo I, caracterizada pelas fraturas vertebrais e do rádio distal; mais tarde, por volta dos 70 anos, é a osteoporose tipo II, caracterizada por fraturas do quadril, da pelve e do úmero distal (Bloomfield; Smith, 2003).

Regularmente, a terapia de reposição hormonal em mulheres figura como uma boa alternativa para evitar o problema citado, no entanto essas terapias foram associadas ao aumento do risco de câncer e de doenças cardiovasculares. Quanto a esse tema, todavia, ainda não existem conclusões concretas, visto que a área de endocrinologia vem se desenvolvendo e suas pesquisas enfrentam certas dificuldades éticas (Petit; Hughes; Warpeha, 2010).

Em virtude do fato de a terapia de reposição hormonal apresentar certo risco, vale a pena a orientação relativa a cuidados nutricionais e exercícios físicos. No que concerne à nutrição, é indispensável o consumo adequado de minerais como cálcio e magnésio e ainda de vitamina D3 via oral (também é importante tomar sol). Quanto ao exercício físico, é indicado que a pessoa faça atividades com a sustentação do peso, tendo em vista que a estrutura óssea é mantida principalmente pela força da gravidade. Nesse sentido, os exercícios de força multiarticulares em cadeia cinética fechada são excelentes estímulos, mas cabe ressaltar que, se o indivíduo for hipertenso, é possível que essa forma de treinamento seja perigosa. Exercícios de potência às vezes são recomendados, porém o risco de separação do tendão do osso em idosos também é elevado. Por isso, é interessante a prática do sistema Isoton (Seluianov, 2001; Dias; Seluianov; Lopes, 2017).

5.6 Outras populações que merecem atenção

Nas seções anteriores, discutimos problemas relacionados com a síndrome metabólica e o processo de envelhecimento. Nesse contexto, demonstramos que o exercício físico é simplesmente indispensável para determinadas populações (idosos, diabéticos, hipertensos e obesos). Mas existem também outros grupos que demandam cautela quando o assunto é exercício físico, embora este não seja considerado fundamental. Por exemplo, o exercício físico pode proporcionar benefícios a gestantes, mas não é exatamente condição básica para uma gravidez saudável. Nesse sentido, podemos destacar igualmente o caso de pessoas com doenças pulmonares obstrutivas crônicas e até mesmo a importância do exercício físico na prevenção do câncer.

5.6.1 Exercícios físicos para gestantes

De forma geral, todos já ouvimos falar que o organismo de uma mulher grávida sofre muitas mudanças. Diversos hormônios têm suas concentrações plasmáticas alteradas, as demandas nutricionais são diferentes, assim como as sensações, os cuidados etc. Por muito tempo, médicos acreditaram que a prática de exercícios físicos não era recomendada para gestantes. Contudo, na atualidade, essa perspectiva tem sido revista.

É possível que um dos fatores que atraíram a atenção dos pesquisadores quanto à relação entre gravidez e exercício físico tenha sido o desempenho excelente, a princípio inexplicável, obtido por mulheres atletas no esporte de alto rendimento após o nascimento de seus filhos. Vovk (2007) demonstra que, via de regra, atletas de alto rendimento que interromperam os treinos temporariamente porque engravidaram acabam por apresentar grandes resultados após o retorno à carreira esportiva. Na presente conjuntura, as atletas de modalidades como atletismo e natação procuram planejar a gravidez justamente no período próximo dos 30 anos, quando os resultados esportivos já parecem não aumentar. Platonov (2013, 2015) destaca que, no organismo da mulher grávida, ocorre o aumento do volume sanguíneo, da atividade hormonal, da angiogênese, da permeabilidade da rede capilar etc. Tudo isso, somado ao período de pausa e diminuição das cargas de treinamento, permite eliminar as consequências e sequelas de traumas esportivos anteriores, otimizar o estado psicológico e recuperar a motivação para o treinamento intenso.

Apesar de existirem muitos exemplos disso na história do esporte, podemos citar, por sua expressividade, o da atleta russa Anna Chicherova, especialista em salto em altura. Essa atleta teve sua carreira marcada por estar na elite mundial nos anos 2000, tendo conquistado medalhas em campeonatos mundiais e nos Jogos Olímpicos de Pequim (2008). Porém, o grande êxito de Chicherova veio aos 30 anos de idade, nos jogos de Londres, após o nascimento de sua primeira filha. Em 2010, ela deixou de participar das competições por estar grávida e dois meses após o nascimento da filha, no início de 2011, voltou ao treinamento. Já no campeonato de verão russo, a atleta estabeleceu um recorde pessoal de 2,07 m, na época a terceira melhor marca da história (Russa..., 2014). No ano seguinte, Chicherova tornou-se campeã olímpica em Londres, com a marca de 2,05 m, melhorando significativamente os resultados em comparação aos anos anteriores (Russa..., 2012).

Como vimos, o desempenho inesperado de atletas que interromperam a carreira esportiva em virtude da gestação, mesmo em idades relativamente avançadas, pode ter impulsionado os estudos já citados. Todavia, não discutiremos tal questão nesta obra, uma vez que nosso foco está centrado nos aspectos relativos à prescrição de exercícios físicos para esse grupo, o das gestantes.

Em geral, as mulheres grávidas, antes de iniciarem o processo de treinamento, devem passar por exames médicos para que sejam excluídas e/ou evitadas possíveis complicações. Por exemplo, é contraindicada a prática do exercício aeróbio nos seguintes casos: cardiopatia hemodinamicamente significativa; doença pulmonar restritiva; incompetência istmocervical/cerclagem[8]; múltipla gestação com risco de prematuridade no trabalho de parto; sangramento persistente no segundo e terceiro trimestres; placenta prévia depois de 26 semanas de gestação; trabalho de parto prematuro durante a gestação corrente; ruptura de membranas e pré-eclâmpsia/hipertensão induzida pela gestação. Também são contraindicados exercícios físicos ou são casos merecedores de atenção especial quando estão presentes os seguintes fatores: anemia intensa; arritmias cardíacas maternas; bronquite crônica; diabetes tipo I; obesidade mórbida; baixo peso (índice de massa corpórea – IMC < 12); estilo de vida muito sedentário; restrição ao crescimento intrauterino na gestação corrente; hipertensão mal controlada; hipertireoidismo mal controlado (Powers; Howley, 2014).

[8] Incompetência istmocervical é uma condição de dilatação na junção entre o orifício interno cervical e o segmento inferior, em geral antes do fim do segundo trimestre da gestação. Já a cerclagem é um procedimento cirúrgico para manter o cérvix fechado e evitar nascimentos prematuros ou abortos tardios.

Conforme o exposto, há diversas situações nas quais o exercício não é indicado na gravidez. Por outro lado, no contexto de uma gravidez saudável, ou seja, na ausência dos problemas citados, a prática regular de exercícios ou atividade física está associada à diminuição do risco de diabetes gestacional e de pré-eclâmpsia (Damm; Breitowicz; Hegaard, 2007). Ademais, a prática de exercícios se mostrou bastante eficiente em diminuir o risco dessas complicações obstétricas em gestantes com sobrepeso (Stutzman et al., 2010).

Segundo Wolfe, Brenner e Mottola (1994), é essencial que, durante a prática de exercícios físicos, as gestantes evitem treinar com valores de frequência cardíaca acima de 140 BPM (batimentos por minuto) e fazer exercícios na posição deitada, para prevenir a diminuição do retorno venoso e a hipotensão ortostática. Além disso, é comum observar, na prática de médicos obstetras, a recomendação para que a gestante execute o exercício de agachamento quando a data do parto está próxima. Nesse contexto, o exercício supostamente ajudaria no processo de dilatação para a preparação do parto normal. Outro aspecto importante é que, com certa frequência, algumas gestantes apresentam dores na região lombar e, em alguns casos, adquirem até mesmo hérnias de disco. Como já discutimos neste livro, os exercícios de força, quando executados tecnicamente de forma correta, ajudam a evitar problemas articulares e posturais. Logo, apesar de ainda serem necessários estudos nessa área, parece que o treinamento de força, atrelado a determinados cuidados, pode auxiliar na saúde da gestante.

5.6.2 Doença pulmonar obstrutiva crônica e exercícios físicos

As doenças pulmonares obstrutivas crônicas (DPOC) são caracterizadas pela diminuição na capacidade de respirar, ou seja, redução do fluxo de ar nos pulmões, por meio do estreitamento ou obstrução das vias aéreas. Entre essas doenças, podemos destacar:

- 1) bronquite crônica – processo inflamatório crônico dos brônquios caracterizado pela produção excessiva de muco;
- 2) enfisema – dano irreversível das paredes alveolares caracterizado pelo recuo elástico reduzido dos alvéolos e bronquíolos, que causa dilatação dessas duas estruturas;
- 3) asma brônquica – inflamação crônica das vias aéreas, com liberação de substâncias que ocasionam a constrição da musculatura dos brônquios, obstruindo as vias aéreas e dificultando a entrada e saída do ar (Peno-Green; Cooper, 2006; Pecher, 2007; Silva, 2008; Cooper; Storer, 2010).

Geralmente, as pessoas que sofrem de DPOC apresentam obstrução nas vias aéreas mesmo fazendo uso de medicação, por isso, quando a doença está em estágio avançado, o indivíduo pode sofrer dispneia em atividades cotidianas. O exercício físico é incapaz de reverter o processo da doença, cujo tratamento convencional envolve a medicação e a inalação de O_2, porém, mesmo assim, o treinamento é recomendado, visto que pode interromper a progressão dos sintomas de fadiga e falta de ar e o declínio na qualidade de vida (Powers; Howley, 2014).

Recomendam-se, além do tratamento tradicional, o treinamento de força e o treinamento aeróbio para pessoas que sofrem de DPOC. O treinamento de força deve ser direcionado para o corpo todo, com o intuito de melhorar a resistência muscular local. Já o treinamento aeróbio utiliza tanto o trabalho de intensidade moderada quanto o de alta intensidade. Nesse contexto, o treinamento intervalado de alta intensidade ganha destaque, pois, quando comparado ao treinamento convencional, permite que o indivíduo trabalhe com maior intensidade e menor duração (Powers; Howley, 2014). Assim, como esclarecemos no Capítulo 2, as fibras rápidas são recrutadas e o potencial oxidativo dos músculos é aumentado (Gibala et al., 2012; Buchheit; Laursen, 2013; Scribbans et al., 2014; Edgett et al., 2016; Inoue et al., 2016; Casuso et al., 2017; Maclnnis; Gibala, 2017). Ademais, quanto mais aeróbios são os músculos, mais elevado é o limiar anaeróbio e, consequentemente, menores são as respostas cardiovasculares em exercícios de qualquer intensidade (Myakinchenko; Seluianov, 2009; Eliceev; Kulik; Seluianov, 2014).

Em geral, as pessoas com DPOC, quando fazem exercícios, aumentam a sensação de bem-estar e a tolerância ao exercício sem que ocorra a dispneia (falta de ar). Contudo, cabe alertar, novamente, que essa melhora não causa reversão do processo da doença (Carter; Coast; Idell, 1992; Wilson, 2003; Cooper; Storer, 2010).

Outro problema respiratório relativamente comum é a asma induzida pelo exercício, ainda mais frequente em esportes de inverno, afetando vários atletas olímpicos dessas modalidades. Diferentes fatores podem estar envolvidos em um ataque de asma, tais como reação alérgica, uso de aspirina, poeira, emoções e exercício físico. Em outras palavras, é qualquer estímulo que aumente o influxo de Ca^{++} para o interior do mastócito, o que provoca a liberação de mediadores químicos, atraindo leucócitos e iniciando reações como o inchaço do tecido, a contração da musculatura lisa e o reflexo do nervo vago (Powers; Howley, 2014).

A asma deve ser tratada com medicação especial, receitada exclusivamente pelo médico. Alguns fatores relacionados com o exercício e a nutrição, no entanto, podem, de maneira secundária, ajudar a diminuir o risco de ataque de asma, entre os quais podemos citar: exercício com aquecimento prévio; exercícios na água – em razão da umidade mais elevada do ar; redução da ingestão de sal; suplementação de antioxidantes e óleo de peixe (Mickleborough, 2008).

Síntese

Neste capítulo, vimos que os grupos especiais são constituídos por pessoas que apresentam alguma doença crônica e/ou degenerativa que coloca a saúde delas em risco. Em geral, as causas de morte mais comuns estão diretamente relacionadas à síndrome metabólica e à obesidade. Além disso, o processo de envelhecimento é uma forma natural de mudança no organismo que facilita o desenvolvimento de várias enfermidades. Assim, para cada grupo e para cada doença é necessário um cuidado especial. Para tanto, o professor de educação física deve conhecer os mecanismos relativos às doenças e saber as variáveis fisiológicas que deve manipular no treinamento com o intuito de conseguir um efeito positivo. Por exemplo, como destacamos ao longo do capítulo, para que mudanças expressivas aconteçam – no tecido muscular para evitar a perda de massa muscular, no tecido ósseo para evitar a osteoporose e no tecido adiposo para evitar a obesidade –, devem ser utilizados exercícios físicos que promovam respostas endócrinas. Porém, paralelamente, é preciso ter em mente que, muitas vezes, o indivíduo pode não estar preparado para tal demanda e sofrer consequências negativas.

Atividades de autoavaliação

1. Com relação à obesidade e ao emagrecimento, analise as seguintes afirmativas:
   I. O tecido adiposo é capaz de liberar no sangue hormônios e citocinas pró e anti-inflamatórias.
   II. O exercício físico é um dos principais mecanismos de síntese de lipídeos.
   III. Exercícios de alta intensidade utilizam carboidratos como fonte de energia e por isso são inúteis no emagrecimento.

IV. A combinação de exercícios de baixa e alta intensidade se mostra eficiente no emagrecimento, mesmo quando uma nutrição adequada é negligenciada.
V. Lipólise é o processo no qual as mitocôndrias utilizam ácidos graxos para a produção de ATP.

Agora, assinale a alternativa que indica as afirmativas corretas:

a) Apenas I.
b) I e II.
c) II e IV.
d) I, III e V.
e) Apenas IV.

2. Quanto ao diabetes, assinale V (verdadeiro) ou F (falso):

( ) A maior preocupação do diabético tipo I durante o exercício é a hipoglicemia.
( ) O exercício físico para o diabético tipo II ajuda a diminuir a inflamação crônica de baixa intensidade.
( ) O treinamento de força combinado com o aeróbio traz melhores resultados do que essas formas isoladas.
( ) A causa única do diabetes tipo II é a obesidade.
( ) O diabético tipo I é aquele que apresenta resistência à insulina principalmente em virtude da inflamação crônica de baixa intensidade.

A sequência correta é:

a) V, F, V, V, F.
b) V, V, V, V, F.
c) V, V, F, V, F.
d) V, V, V, F, F.
e) F, V, V, F, V.

3. Quanto à hipertensão e à arteriosclerose, assinale V (verdadeiro) ou F (falso):

( ) A arteriosclerose se forma junto das lesões nos endotélios dos vasos sanguíneos.

( ) Uma das principais causas da formação de arteriosclerose são as perturbações nos processos plásticos em virtude do equilíbrio hormonal do sangue.

( ) O treinamento de resistência aeróbia é muito eficiente para indivíduos hipertensos.

( ) O treinamento de força pode ser benéfico para hipertensos, porém é importante considerar a manobra de Valsalva na execução dos exercícios.

( ) O método de circuito com exercícios que envolvem pouca massa muscular promove benefícios sem expor o hipertenso aos riscos do aumento abrupto da pressão arterial.

A sequência correta é:

a) V, V, V, F, F.
b) F, V, F, V, F.
c) V, F, V, F, V.
d) F, F, F, F, F.
e) V, V, V, V, V.

4. Quanto aos grupos especiais estudados neste capítulo, analise as seguintes afirmativas:

I. A síndrome metabólica é caracterizada pela presença de várias doenças metabólicas.

II. Em geral, o exercício físico não é um meio de tratamento de DPOC, mas a prática dele por pessoas que sofrem dessa doença deve ser encorajada por outros benefícios.

III. O exercício físico pode ser muito benéfico para gestantes, porém, diante de algumas condições, pode não ser uma boa alternativa.

Agora, assinale a alternativa que indica as afirmativas corretas:

a) Apenas I.
b) I e II.
c) II e III.
d) I, II e III.
e) Nenhuma das afirmativas está correta.

5. Com relação ao exercício físico para idosos, assinale V (verdadeiro) ou F (falso):

( ) A resistência aeróbia declina 1% ao ano após os 60 anos de idade.
( ) O treinamento de resistência aeróbia é capaz de diminuir os decréscimos na resistência pela metade.
( ) No idoso, a força declina bruscamente após os 60 anos, e o treinamento de força pode reverter o processo, porém, muitas vezes, adaptações são necessárias em razão da presença de doenças.
( ) Os exercícios de potência são importantes em virtude do processo de desenervação das fibras rápidas. Por isso, independentemente do caso, todos os idosos devem treinar nessa direção.
( ) A melhor recomendação para mulheres com osteoporose inclui atividades aquáticas que diminuem a exigência de sustentação.

A sequência correta é:

a) F, V, F, V, V.
b) V, V, V, F, F.
c) V, F, V, F, F.
d) V, V, F, V, V.
e) V, F, F, F, V.

Atividades de aprendizagem

Questões para reflexão

1. Por que o treinamento de força pode ser benéfico e maléfico para hipertensos, conforme a abordagem? Explique.

2. Como você entende a relação entre a obesidade e as outras doenças que caracterizam a síndrome metabólica?

Atividade aplicada: prática

1. Considere, caro leitor, o seguinte cenário: você foi contratado para trabalhar com um idoso na função de *personal trainer*. Ao observar as avaliações físicas e médicas, percebeu que esse idoso está obeso, é hipertenso, apresenta sarcopenia e tem artrose no joelho. Com base nisso, prescreva uma semana de exercícios, justificando cada ponto, com o intuito de melhorar a saúde e corrigir/atenuar os problemas desse indivíduo.

Capítulo 6

Prescrição de exercícios para atletas

O esporte profissional de alto rendimento apresenta-se sempre como um grande desafio ao profissional de educação física que tem a tarefa de treinar atletas ou equipes de diversas modalidades esportivas. Em geral, os atletas são pessoas que já têm uma prática muito extensa de treinamento, com uma experiência que, às vezes, pode superar décadas. Assim, o organismo do atleta geralmente tem as possibilidades adaptativas quase que esgotadas, sendo bastante complexa a tarefa de conseguir quebrar a barreira do rendimento. Não é à toa que a prática do uso de substâncias proibidas (*doping*) seja um problema tão comum entre essa população. Todavia, como se sabe, o *doping* não é um caminho racional, tanto do ponto de vista ético quanto do ponto de vista da saúde do atleta. Por isso, o treinador tem a difícil tarefa de tentar integrar os mais diversos conhecimentos existentes nas ciências humanas, naturais e pedagógicas, para resolver as tarefas do treinamento. Desse modo, neste capítulo discutiremos, de forma geral, algumas premissas básicas para que um treinador consiga prescrever racionalmente todo o processo de preparação de atletas, independentemente da modalidade esportiva escolhida.

6.1 O entendimento do conceito da atividade competitiva

O esporte, em seu conceito simplificado, pode ser entendido como atividade competitiva propriamente dita; em outras palavras, sem competição não existe esporte. Apesar de a competição esportiva ser considerada o núcleo do esporte, este, em seu conceito mais amplo, pode ser assim entendido: atividade competitiva, processo de preparação para o alcance de realizações, bem como relações interpessoais e normas comportamentais que surgem na base dessa atividade (Matveev, 2010).

Entender que o atleta só é atleta quando participa de competições é relativamente simples, no entanto, quando analisamos o conceito de esporte e tentamos entender o que quer dizer "processo de preparação para o alcance de realizações", dúvidas começam a surgir. Afinal, do que é composta a preparação de um atleta? O que diferencia o treinamento de um atleta de uma modalidade esportiva do treinamento feito em outra? Treinar a força de um jogador de futebol, de um maratonista e de um lutador de boxe é a mesma coisa? Como devem ser selecionados os exercícios para se treinar um atleta? Para responder a essas perguntas, é preciso ter em mente do que é composta a estrutura da atividade competitiva em cada esporte.

A **estrutura da atividade competitiva** pode ser definida como o conjunto de ações do atleta no decorrer da competição, unidas pelo objetivo competitivo e pela lógica (sequência natural) de sua realização (Suslov; Cycha; Shutina, 1995; Vovk, 2007). Por exemplo, quando se analisa o conjunto de ações de um atleta em uma prova de salto em distância no atletismo, podem ser identificados claramente quatro momentos com quatro ações técnicas diferentes: 1) corrida de aproximação; 2) repulsão na tábua; 3) fase aérea; e 4) aterrissagem. Todas essas ações técnicas seguem uma sequência lógica e natural para a obtenção do objetivo, que é cobrir a maior distância possível.

Ao examinar a estrutura da atividade competitiva de qualquer esporte, é possível compreender quais músculos são mais ou menos ativados, quais manifestações das capacidades físicas devem ser trabalhadas, qual é o peso da técnica e da tática na determinação do resultado, quais sistemas bioenergéticos são mais importantes etc. Observando-se e estudando-se a especificidade das diversas modalidades esportivas e estabelecendo-se os componentes essenciais determinantes no resultado esportivo, podem-se formular as seguintes considerações, conforme Platonov (2015):

- Nas modalidades esportivas cíclicas relacionadas com manifestações de resistência (corrida, natação, remo, ciclismo etc.), têm grande importância: a velocidade por trecho; a diferença de velocidade entre os trechos; a efetividade das viradas (natação); a efetividade nas curvas (patinação).
- Nas modalidades cíclicas de velocidade (provas de velocidade), têm grande relevância: o gráfico da distância percorrida; a cadência em cada trecho; o tempo de reação no *start* (ou largada); a aceleração após o *start*; a velocidade absoluta ou máxima atingida; a velocidade nos metros finais.
- Nas modalidades de coordenação complexa (ginástica artística, ginástica rítmica, nado sincronizado), os elementos de grande importância são: a quantidade de elementos de grande dificuldade; os elementos originais; o coeficiente artístico e de complexidade.
- Nos jogos esportivos e nas lutas, têm grande importância no resultado características como: a quantidade; a efetividade; e a diversidade das ações de ataque, defesa e transição.
- Nas modalidades ou disciplinas de força-velocidade, têm significado decisivo: as características da corrida de

aproximação; a quantidade de passadas; a velocidade da última passada; a virada; a velocidade inicial (largada) do implemento; a direção do esforço final (ângulo de ataque, saída do implemento, ângulo da repulsão etc.); a força explosiva.

- Nas modalidades esportivas combinadas, têm grande relevância: a correlação dos pontos em diferentes combinações; os componentes da atividade competitiva em cada modalidade.

O conhecimento multilateral e aprofundado sobre a estrutura da atividade competitiva de uma modalidade, disciplina ou prova esportiva concreta (os fatores que garantem sua realização, a presença de possibilidades funcionais e técnico-táticas correspondentes) é uma premissa básica para atingir o resultado esportivo planejado e, principalmente, elaborar o treinamento (Godik; Skorodumova, 2010).

6.2 Exercícios físicos – meios e métodos de treinamento para atletas

Tanto no Capítulo 1 quanto no Capítulo 3, abordamos tópicos específicos sobre o exercício físico. Em geral, os exercícios físicos são compostos por ações motoras regulamentadas de acordo com os princípios da educação física. Nesse contexto, os principais objetivos são o treinamento das capacidades físicas e a aquisição de habilidades motoras. No treinamento de atletas, o objetivo é o mesmo, porém o exercício passa a apresentar um conceito um pouco mais amplo.

Os **meios de treinamento e preparação** do atleta podem ser entendidos como os mais diversos exercícios físicos que direta ou indiretamente influenciam o aperfeiçoamento do rendimento físico ou da maestria esportiva desse atleta. Já a **maestria**

esportiva pode ser concebida como a capacidade do atleta de utilizar efetivamente e por completo todo o potencial locomotor para o sucesso em determinada modalidade esportiva (Verkhoshansky, 2013).

O conteúdo dos meios de preparação esportiva é formado considerando-se as particularidades de cada modalidade esportiva. Aqui fica evidente a importância do conhecimento das estruturas das atividades competitivas (apresentadas na seção anterior). Logo, os meios de treinamento também podem ser subdivididos em quatro grupos: 1) exercícios ou meios gerais; 2) semiespeciais; 3) especiais; e 4) competitivos (Platonov, 2015; Kozlova; Klimashevsky, 2017).

Os **exercícios ou meios de preparação geral** são aqueles que servem para o desenvolvimento harmônico e multifacetado do organismo do atleta. Nesse caso, os meios de preparação geral buscam promover a aproximação entre as próprias influências e as particularidades das exigências da atividade competitiva futura, pelo menos em algumas relações. Podemos citar como exemplo a aplicação de um complexo de exercícios de preparação geral do tipo ginástico em forma de circuito, no qual a carga sumária ativa funções dos sistemas cardiovascular e respiratório até o nível exigido na atividade competitiva de um lutador (Fiskalov, 2010).

Em outro momento, esse meio de preparação pode ter orientação contrastante em relação à especialização estreita. Sua designação multifacetada contribui para o desenvolvimento ou a manutenção de algumas capacidades vitais do atleta que pouco tocam na especialização esportiva, enriquece o fundo individual de habilidades motoras do atleta e utiliza o efeito de transferência positiva da ação multifacetada do treinamento. Também colabora para os processos recuperativos em forma de descanso ativo após cargas especializadas agudas e contrapõe-se à monotonia de cargas estreitamente especializadas (Fiskalov, 2010).

Os **exercícios ou meios de preparação semiespeciais** são compostos de ações motoras que criam o fundamento para o desenvolvimento mais avançado em determinada atividade esportiva. Nesse grupo, podem ser utilizados exercícios que se diferenciam pela forma em relação às ações competitivas, mas que garantem uma influência seletiva e elevada nas capacidades físicas e nas propriedades morfofuncionais do atleta, itens essenciais para a progressão na direção da atividade competitiva alvo (por exemplo, exercícios de força direcionados seletivamente que se diferenciam pela forma das ações competitivas). Por outro lado, esse grupo também pode empregar exercícios análogos por algumas características da técnica (por exemplo, parâmetros cinemáticos) integral das ações competitivas, mas que se diferenciam deles pelas particularidades do regime de funcionamento (por exemplo, exercícios análogos pela forma de execução, mas com intensidade superior ou inferior em relação à atividade competitiva alvo) (Vovk, 2007).

Os **exercícios ou meios de preparação especiais** têm lugar central no sistema de treinamento dos atletas de alto rendimento. Esses exercícios abrangem todo o espectro de meios que envolvem elementos e ações próximos ao máximo da atividade competitiva. O critério de similaridade, ou seja, o entendimento de como os exercícios se aproximam ou se assemelham à atividade competitiva, considera a forma, a estrutura e o caráter de manifestação, tanto das capacidades físicas quanto da atividade funcional dos sistemas do organismo, durante a prática de determinada modalidade ou disciplina esportiva (Verkhoshansky; Verkhoshansky, 2011).

Por fim, os **exercícios competitivos** são resultado da execução de um complexo de ações motoras que está em correspondência com as regras da competição. Além disso, o exercício competitivo é caracterizado por uma série de particularidades. Em primeiro lugar, somado à sua execução, busca-se o resultado recorde; assim, trabalha-se no nível máximo das possibilidades adaptativas do organismo do atleta, que só podem ser atingidas como resultado da aplicação anterior de exercícios gerais, semiespeciais e especiais na preparação esportiva. Em segundo lugar, o exercício competitivo pode ser considerado uma das formas mais confiáveis e objetivas de avaliar o processo de preparação do atleta. A seguir, no Quadro 6.1, é apresentada a classificação dos meios de preparação esportiva explicados nesta seção.

Quadro 6.1 Classificação dos grupos de exercícios pelos indicadores de semelhança e diferença com a atividade competitiva alvo

Grupos de exercícios (meios)	Semelhança (+) ou diferença (–)	
	Pela forma da ação	Pelas particularidades qualitativas de funcionamento
1. Exercícios preparatórios especiais		
1.1 Exercícios que modelam integralmente a atividade competitiva.	+ +	+ +
1.2 Exercícios que reproduzem o conteúdo da atividade competitiva de forma fragmentada ou com pequenas mudanças justificadas.	+	+
2. Exercícios preparatórios semiespeciais		
2.1 Exercícios que exigem as qualidades funcionais que se manifestam na atividade competitiva, mas na forma se diferenciam parcialmente em relação aos componentes.	+ –	+
2.2 Exercícios similares às ações competitivas em relação à forma, mas que apresentam outras particularidades qualitativas.	+	–
3. Exercícios preparatórios gerais		
3.1 Exercícios preparatórios gerais que se aproximam dos exercícios especiais parcialmente.	+–– Parcialmente	––+ Parcialmente
3.2 Exercícios que contrastam com os exercícios especiais.	–	–

Fonte: Matveev, 2010, p. 192, tradução nossa.

Conforme apresentado ao longo desta seção, os meios de treinamento são os exercícios utilizados para resolver as diversas tarefas do treinamento. No entanto, os meios só são corretamente selecionados quando o treinador conhece os modelos empregados no esporte, tema que abordaremos na sequência.

6.3 Modelagem, diagnóstico pedagógico e estabelecimento de metas

A efetividade da gestão (coordenação) do processo de treinamento está relacionada com a utilização de diferentes modelos. Nesse caso, o termo *modelo* pode ser definido como a representação teórica análoga a algo qualquer, reproduzida de forma simplificada no contexto da realidade. Em outras palavras, modelo é qualquer amostra ou exemplo de determinado objeto, processo ou fenômeno. Já a modelagem é o processo de construção, estudo e utilização de modelos para determinação e especificação das características e da otimização do processo de preparação esportiva e participação nas competições (Sakharova, 2005a, 2005b; Platonov, 2015; Kholodova; Kozlova, 2016).

No esporte, os treinadores empregam diversos grupos e tipos de modelo, mas, para entender o conteúdo do treinamento a fim de que uma prescrição racional seja elaborada, é preciso antes compreender basicamente três grupos de modelos:

1. modelo que caracteriza a atividade competitiva;
2. modelo que caracteriza as diferentes faces do preparo;
3. modelo morfofuncional, que reflete as particularidades morfológicas do organismo e as possibilidades funcionais de determinados sistemas.

6.3.1 Modelo da atividade competitiva

O modelo da atividade competitiva destaca algumas das características essenciais de parâmetros importantes e das ações de caráter independente que compõem a atividade competitiva do atleta e garantem um determinado nível de resultado esportivo (Fedotova, 2001; Godik; Skorodumova, 2010; Kholodova; Kozlova, 2016).

Para esclarecermos melhor a definição do parágrafo anterior, voltemos ao exemplo do salto em distância. Como já vimos, essa prova é composta de quatro ações independentes: 1) corrida de aproximação; 2) repulsão na tábua; 3) fase aérea; e 4) aterrissagem. Para que um atleta consiga um resultado elevado, como 8 metros e 50 centímetros (valor aproximado dos campeões dos últimos campeonatos mundiais e jogos olímpicos), cada uma das ações isoladas terá uma contribuição para o resultado. Como mencionado anteriormente, as ações são independentes: a força de repulsão na tábua que determinará a altura do salto (elevação do centro de gravidade), por exemplo, não depende da corrida, pois um atleta pode saltar verticalmente muito bem sem necessariamente ser veloz. No entanto, para que o atleta consiga um bom voo, é necessário que ele eleve bem o centro de gravidade e, ao mesmo tempo, tenha uma corrida de aproximação muito veloz, que determinará o quanto o corpo (com o centro de gravidade a uma determinada altura) se deslocará para a frente, definindo, assim, o resultado esportivo.

Geralmente, os grandes saltadores atingem a velocidade de 10 a 11 metros por segundo na corrida e executam uma repulsão que dura de 0,11 a 0,15 segundo, concentrando o direcionamento da força para cima (Ratov et al., 2007). Logo, cada ação pode ser vista de maneira isolada, todavia, quando todas as ações são examinadas de forma integrada, o treinador consegue fazer uma análise e, consequentemente, sistematizar o conteúdo do treinamento – e, de certa forma, determinar a ação à qual deve preferencialmente direcionar seus esforços.

Cada grupo de modalidades, disciplinas e provas esportivas apresenta um conjunto de ações e elementos que constituem a atividade competitiva e definem o resultado. A diferença entre os conceitos de *modelo da atividade competitiva* e simplesmente *atividade competitiva* é que a estrutura da atividade competitiva revela de quais ações ela é composta, ao passo que o modelo indica quais devem ser as características de cada uma dessas ações para se atingir um dado nível de desempenho. Por isso, entender a estrutura da atividade competitiva e, principalmente, seu modelo são fatores extremamente determinantes no estabelecimento do conteúdo do treinamento em uma periodização racional, ou seja, uma periodização que consegue colocar o calendário esportivo em correspondência com o processo de treinamento, a fim de atingir grandes resultados.

A seguir, destacamos quais parâmetros e ações da atividade competitiva devem ser considerados em diferentes grupos de modalidades esportivas, conforme Platonov (2015).

1. **Modalidades cíclicas de resistência**:
   - gráfico da distância percorrida (tempo e velocidade em cada trecho);
   - cadência (frequência) em cada trecho da distância percorrida;
   - amplitude das passadas em cada trecho.
2. **Modalidades cíclicas de velocidade**:
   - gráfico da distância percorrida;
   - cadência em cada trecho;
   - tempo de reação;
   - aceleração após o *start*;
   - velocidade máxima atingida;
   - velocidade nos metros finais.

3. **Modalidades de força-velocidade**:
   - característica da corrida de aproximação, quantidade de passadas, velocidade da última passada, virada, velocidade inicial (largada) do implemento;
   - direção do esforço final (ângulo de ataque, saída do implemento, ângulo da repulsão etc.);
   - força explosiva.
4. **Jogos esportivos**:
   - efetividade das ações de ataque, defesa, contra-ataque e transição;
   - atividade (quantidade) das ações de ataque e defesa;
   - diversidade de ações de ataque e defesa.
5. **Lutas**:
   - efetividade e atividade das ações de ataque e defesa;
   - volume e diversidade das ações de ataque e defesa.
6. **Modalidades de coordenação complexa**:
   - quantidade de elementos de alta complexidade;
   - quantidade de elementos supercomplexos[1];
   - coeficiente de dificuldade;
   - nota média nas competições de alto nível.
7. **Esportes combinados**:
   - correlação dos pontos em diferentes combinações;
   - componentes da atividade competitiva em cada modalidade.

A Tabela 6.1 exemplifica parte do conteúdo desta seção.

[1] Enquanto os elementos de alta complexidade remetem àqueles de grande pontuação, os supercomplexos se referem àqueles que, via de regra, somente um ou outro atleta consegue executar, como o duplo *twist* esticado da ginasta brasileira Daiane dos Santos.

Tabela 6.1 Modelo característico da atividade competitiva de jogadoras de hóquei de grama em diferentes etapas de preparação

Indicadores	Etapas da preparação plurianual			
	Etapa inicial	Básica preliminar	Básica especializada	Preparação para o alto rendimento
Ações técnico-táticas (ATT)				
Passe de bola	7-20	5-23	9-32	22-40
Domínio de bola	8-14	7-13	10-20	11-24
Drible com a bola	9-14	5-13	6-14	4-11
Desarme	3-13	2-13	4-14	10-15
Interceptação	2-6	2-8	4-10	10-15
Somatória de ATT	41-70	39-71	49-94	64-107
Efetividade das ATT (percentual)				
Passe de bola	34,64 a 59,63%	35,82 a 64,52%	56,2 a 66,67%	67,31 a 76,3%
Domínio de bola	41,40 a 64,10%	46,85 a 69,6%	58,5 a 80,8%	77,9 a 88,9%
Drible com bola	55,18 a 63,36%	53,1 a 66,24%	62,3 a 74,8%	71,1 a 76,5%
Desarme	16,83 a 53,17%	19 a 39,5%	24,5 a 36,8%	24,8 a 34,8%
Interceptação	21,54 a 39,46%	53,97%	36 a 57,36%	54,28 a 58,1%
Somatória de ATT	55,77 a 57,55%	51,64 a 61,98%	58 a 65,64%	65,75 a 70,4%
Variabilidade das ATT				
Passe de bola	2-3	4-6	6-8	6-8
Domínio de bola	2-3	2-3	3-4	4-5
Drible com bola	2-3	3-5	3-6	4-6
Desarme	1-2	2-3	3-4	3-4
Interceptação	1-2	2-3	3-4	3-4

Fonte: Fedotova, 2001, p.202, tradução nossa.

A Figura 6.1 também ilustra e ajuda a esclarecer parte do conteúdo desta seção.

Figura 6.1 Modelo dos parâmetros parciais e integrais da atividade competitiva de nadadores de alta qualificação

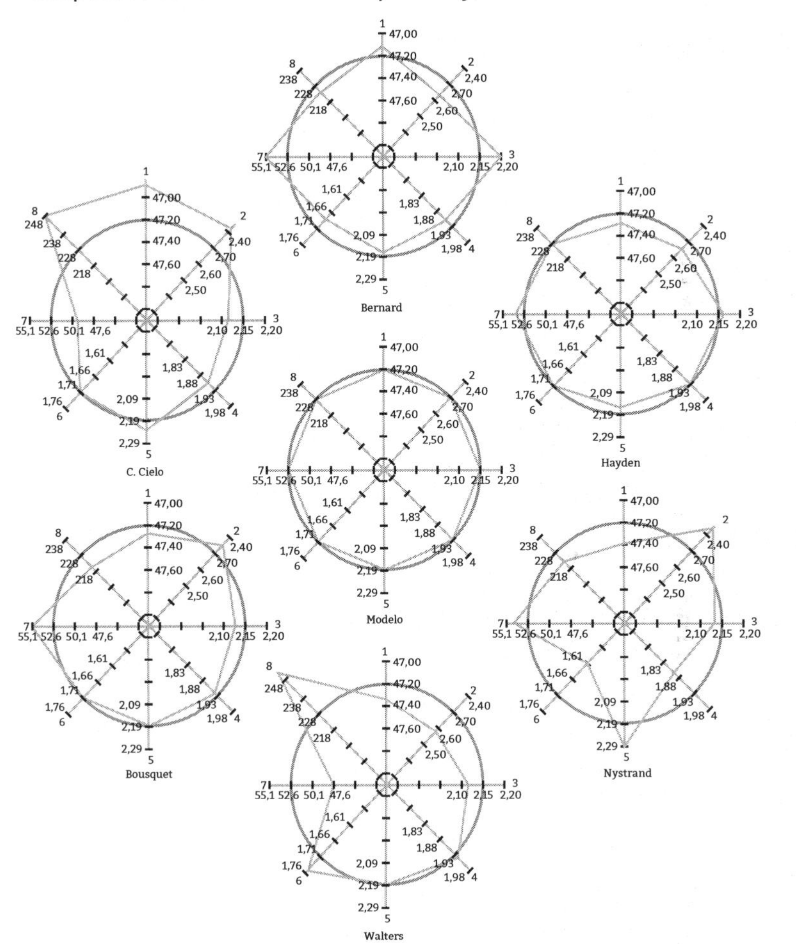

Ao centro, 8 modelo geral; nas extremidades, os modelos individuais dos melhores atletas do mundo na prova de 100 metros estilo livre. 1. Resultado em segundos; 2.Velocidade de *start* (15 m), m . s^{-1}; 3. Velocidade no primeiro trecho de 50 metros, m. s^{-1}; 4. Velocidade no segundo trecho de 50 metros, m . s^{-1}; 5. Velocidade na execução da virada (5 m + 10 m), m . s^{-1}; 6. Velocidade no trecho final (5 m), m . s^{-1}; 7. Cadência, ciclos . min^{-1}; 8. Comprimento da braçada, cm.

Fonte: Platonov, 2015, p. 897, tradução nossa.

Por fim, a Tabela 6.2 também exemplifica os conteúdos abordados nesta seção.

Tabela 6.2 Correlação percentual das ações individuais parciais técnico-táticas da equipe campeã do Campeonato Europeu de Futebol 2008

Denominação da ATT	Percentual em relação ao total
Passes curtos e médios	54-56%
Passes longos	4-5
Condução	11-13
Drible	6-7
Desarme	12-13
Interceptação	5-6
Jogadas aéreas	5-6
Chutes a gol	3-4

Fonte: Godik; Skorodumova, 2010, p. 101, tradução nossa.

Como vimos ao longo desta seção, o modelo da atividade competitiva, em resumo, apresenta informações a respeito do comportamento do atleta na prática competitiva. Porém, para atingir tal nível de desempenho, outros parâmetros de outros modelos também devem ser considerados, como os apresentados na seção a seguir.

6.3.2 Modelo das faces do preparo

O modelo das faces de preparo permite ao treinador descobrir as reservas de realização de indicadores planejados da atividade competitiva, determinar as direções fundamentais de aperfeiçoamento do preparo e estabelecer o nível ótimo das diferentes faces do preparo, assim como a inter-relação entre os indicadores planejados (Platonov, 2015).

O uso desse tipo de modelo permite ao treinador determinar a orientação geral do aperfeiçoamento esportivo em conformidade com a significância de diferentes características das ações técnico-táticas e dos parâmetros do preparo funcional para o alcance de elevados indicadores em certa modalidade esportiva.

Os modelos das faces do preparo que são orientados para a efetivação de níveis concretos de aperfeiçoamento de uma ou de outra face permitem ao treinador comparar os dados individuais de um atleta concreto com características de um modelo, avaliar os pontos fortes e fracos dos diferentes componentes do preparo e, com base nisso, planejar e corrigir o processo de treinamento, selecionar os meios e os métodos de interação (Poleva; Zagrevsky; Podverbnaya, 2012). Esses modelos estão mais relacionados com os modelos generalizados construídos com base na análise do preparo dos melhores atletas velocistas do mundo ou com o modelo do preparo físico especial de futebolistas que respondem às exigências para participação na equipe olímpica.

Orientando-se por meio desses dados, o treinador pode não apenas identificar os pontos fortes e fracos do preparo do atleta com o objetivo de elaborar programas de treinamento efetivos, mas também fazer prognósticos de parâmetros isolados das possibilidades de alcance de um ou outro resultado. Adiante, na Tabela 6.3, são apresentados alguns parâmetros ou indicadores do preparo físico de jogadores de futebol, para exemplificar o conceito do modelo das faces do preparo.

Tabela 6.3 Modelo das faces do preparo de jogadores de futebol

Qualidade avaliada	Teste	Resultado dos testes			
		Período preparatório		Período competitivo	
		Início	Fim	Primeira parte	Segunda parte
Velocidade de *start*	Corrida de 10 m, s.	1,8 a 1,9	1,7 a 1,8	1,5 a 1,6	1,6 a 1,7
Velocidade absoluta	Corrida de 50 m, s.	6,6	6,4	6,6	6,8
Resistência de velocidade	Corrida alternada 7x 50 m, s.	61	57	58	59
Salto vertical	Saltos, cm	45	53	52	51

Fonte: Godik; Skorodumova, 2010, p. 267, tradução nossa.

Assim como o modelo da atividade competitiva tem uma dependência do modelo das faces do preparo, o modelo das faces do preparo mantém a mesma relação com os chamados *modelos morfofuncionais*, abordados na próxima seção.

6.3.3 Modelos morfofuncionais

Os modelos morfofuncionais buscam revelar alguns indicadores (os mais significativos são os que determinam a capacidade de materialização de resultados de destaque em esportes concretos) que refletem as particularidades morfológicas do organismo e das possibilidades dos sistemas funcionais do organismo dos atletas. Os modelos morfofuncionais podem ser divididos em dois grupos: 1) modelos que contribuem para a escolha da estratégia geral dos processos de seleção e orientação esportiva e do processo de preparação do atleta; e 2) modelos que orientam a execução de níveis concretos de perfeição de um ou outro componente do preparo funcional do atleta. A seguir, na Tabela 6.4, são apresentados indicadores do modelo morfofuncional de tenistas.

Tabela 6.4 Modelo generalizado do preparo funcional de tenistas

Tempo de trabalho	Ventilação pulmonar VE, L/min	Consumo máximo de oxigênio ($VO_{2\,max}$)			Limiar anaeróbio (L. ana)		% L. ana do $VO_{2\,max}$	Ventilação equivalente VE/VO^2	Pulso de oxigênio	Lactato mmol/L
		Absoluto, L/min	Relativo mL/kg/min	FC, BPM	VO^2, L/min	FC, BPM				
14,0	132	3,965	65,5	191	2,883	175	72,8	33,3	20,7	10,9

Fonte: Godik; Skorodumova, 2010, p. 221, tradução nossa.

A seguir, a Figura 6.2 apresenta o modelo morfofuncional de ciclistas profissionais, exemplificando novamente o que abordamos antes.

Figura 6.2 Modelo de características morfofuncionais de ciclistas de estrada de alta qualificação

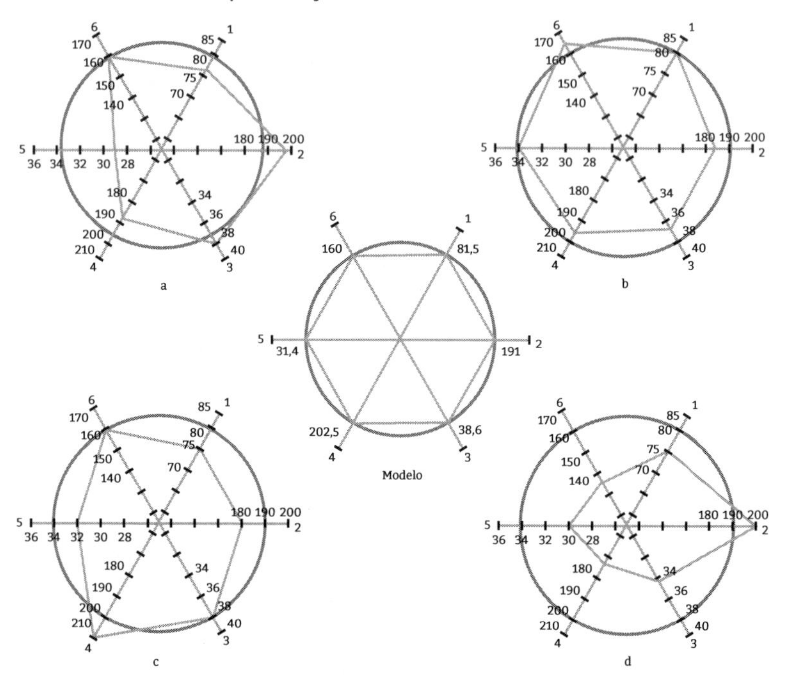

Ao centro, o modelo generalizado; nas extremidades, os modelos individuais.
1. Consumo máximo de oxigênio (mL . Kg^{-1} . min^{-1}); 2. Frequência cardíaca (bat . min^{-1}); 3. Débito cardíaco (L . min^{-1}); 4. Volume sistólico (mL); 5. Pulso de oxigênio (mL . bat^{-1}); 6. Ventilação pulmonar máxima (L . min^{-1}).

Fonte: Platonov, 2013, p. 935, tradução nossa.

Por fim, cabe destacar que os modelos da atividade competitiva, das faces do preparo e os morfofuncionais servem justamente para que o treinador possa fazer comparações, a fim de diagnosticar os "defeitos" e as qualidades do atleta, bem como controlar o processo de treinamento. O conteúdo da próxima seção enfoca as ações a serem tomadas em face das informações reveladas pelos modelos citados.

6.3.4 Diagnóstico pedagógico e estabelecimento de metas

Sakharova (2005b) destaca diferentes etapas da atividade de criação de projetos como tecnologia pedagógica de construção de macrociclo[2] de treinamento. A primeira etapa na atividade de projeção é o diagnóstico pedagógico. Nesse caso, subentendem-se: a determinação do nível inicial de preparação do objeto (atleta ou equipe); a análise da atividade de treinamento e competitiva anterior (parâmetros parciais e gerais das cargas de treinamento e competição) e a identificação das insuficiências (defeitos) do atleta e das faces mais efetivas do preparo; a análise das tendências de desenvolvimento da modalidade esportiva; e a análise do sistema de competições da próxima temporada.

Com base nos dados objetivos adquiridos na primeira etapa, ocorre o estabelecimento dos objetivos e das metas. Isso inclui a definição da hierarquia de objetivos pelo nível de significância e a determinação dos objetivos operacionais, táticos e estratégicos. Posteriormente, são definidas as tarefas, as quais devem ser direcionadas para a resolução dos objetivos fixados – perspectivos, correntes e operacionais[3] (Sakharova, 2005b).

A etapa seguinte é orientada para a elaboração de projetos teóricos de preparação e de modelos de preparo, de parâmetros e tempo de crescimento exigido dos diferentes componentes do preparo (corrente e de etapa) que realmente podem garantir a efetividade da atividade competitiva do atleta (equipe). A execução prática dos projetos no processo de preparação serve para a consecução de resultados previamente planejados e permite ao treinador avaliar a efetividade do sistema elaborado e de seus

[2] Grandes ciclos de treinamento previamente planejados, que podem durar de 3 a 12 meses.

[3] Os operacionais são objetivos da sessão ou dia de treino; os correntes envolvem estruturas semanais; e os perspectivos contemplam etapas bimestrais ou trimestrais.

componentes em separado. Na etapa final do ciclo tecnológico de projeção, é feita a elaboração do sistema de controle e são definidos os critérios de avaliação que permitem ao treinador determinar o grau de alcance dos objetivos estabelecidos, identificar as deficiências e as reservas e aplicar as correções correspondentes (Sakharova, 2005b).

Nesse contexto, a projeção como função integradora que determina não apenas a construção e o conteúdo do processo de preparação, mas todo o sistema de gestão desse processo deve diferenciar-se pela efetividade objetivamente orientada. A efetividade da função vai se confirmar pela realização do mais alto resultado para dadas condições somado às menores perdas. Como exemplos dos critérios que permitem avaliar a efetividade do processo de preparação, podemos destacar o resultado desportivo, os indicadores da maestria técnico-tática e a dinâmica do nível de preparo e do estado do atleta. A correspondência desses indicadores integrais com o modelo característico reflete a efetividade tanto da tecnologia de projeção quanto de seu conteúdo (Sakharova, 2005b). A seguir, a Figura 6.3 apresenta um esquema com as operações tratadas nesta seção.

Figura 6.3 Esquema representativo da sequência lógica do conjunto de operações para a projeção de macrociclo e sua execução racional

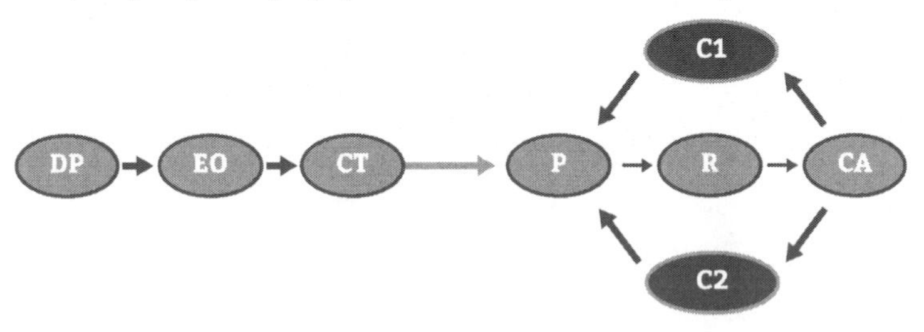

DP – Diagnóstico pedagógico; EO – Estabelecimento de objetivos e metas; CT – Criação das tarefas; P – Criação do projeto; R – Realização (execução) do projeto; CA – Controle e avaliação; C1 – Controle operacional e corrente; C2 – Controle de etapa.

Fonte: Sakharova, 2004, p. 38, tradução nossa.

Por fim, enfatizamos que qualquer tentativa de se estruturar o processo de treinamento sem a análise dos diferentes modelos e sem a utilização das operações da projeção torna, da mesma forma, qualquer periodização uma espécie de "tiro no escuro". Portanto, sempre antes de se elaborar o processo de treinamento, é necessário ter em mãos uma série de dados.

6.4 Periodização do treinamento

Na literatura do esporte, frequentemente é encontrada a expressão *modelo de periodização* em referência ao que corretamente deveria ser chamado de *abordagem de periodização*. Isso se deve ao fato de que não existe uma "receita pronta" de periodização que faça o atleta chegar ao mais alto rendimento, e sim um conjunto de operações e princípios a serem observados em associação com os modelos expostos anteriormente (Seção 6.3), de modo a ser possível elaborar uma periodização racional.

A **periodização do treinamento desportivo** pode ser entendida como uma "divisão do processo de preparação do atleta em elementos estruturais que se diferenciam entre si qualitativamente e quantitativamente em conformidade com as leis existentes e objetivas que regem o estabelecimento da maestria desportiva" (Platonov, 2013, p. 12, tradução nossa).

Dessa forma, antes de iniciar a montagem de uma periodização propriamente dita, é preciso compreender as necessidades reais do atleta de determinada modalidade esportiva, e isso só é possível quando se consideram os modelos específicos para cada modalidade esportiva. Quando tem um entendimento aprofundado da atividade competitiva do atleta ou da equipe, o treinador pode escolher com mais clareza um conjunto de testes que venham a refletir as possibilidades reais do atleta. Quando esses dados são comparados com o modelo dos melhores atletas do mundo, pode-se compreender onde se encontram as deficiências do atleta. Tendo isso em mente, o treinador consegue elaborar uma periodização que atenda às reais necessidades do atleta. Assim, não há sentido algum em falar em *modelo de periodização* como se ela estivesse pronta e a tarefa do treinador fosse apenas copiar o treinamento de atletas qualificados.

Sabe-se que a periodização sempre existiu no esporte, pois desde os tempos da Grécia Antiga já havia registros de como se estruturava o treinamento. Todavia, foi no século XX, mais precisamente nos anos 1960, no tempo da Guerra Fria, que a periodização foi cientificamente fundamentada e acarretou de fato mudanças radicais no esporte por iniciativa do especialista russo L. P. Matveev (Vovk, 2007). Desde lá, muitas coisas mudaram no esporte, e, em geral, a periodização segue o que será exposto a seguir.

O objetivo da periodização é, em termos gerais, garantir o crescimento contínuo do rendimento do atleta ou da equipe a cada grande ciclo de treinamento; porém, ela só é racional quando atinge um objetivo específico, que é o estabelecimento do estado de forma desportiva em conformidade com o período das competições de maior prestígio para o atleta ou a equipe. Nesse contexto, a expressão *forma desportiva* pode ser entendida como o estado ótimo de preparo integral (físico, técnico, tático e psicológico) para a realização do resultado desportivo que é adquirido sob determinadas condições em cada grande ciclo de treinamento (ciclo anual, semestral) (Matveev, 1977, 1991, 2010).

Para que um atleta consiga atingir o estado de forma desportiva e, principalmente, o desenvolvimento contínuo dessa forma de ciclo para ciclo, é preciso que o treinador compreenda o conceito de estruturação do processo de treinamento. Conforme Rubin (2009), são três as estruturas básicas do processo de treinamento:

1. **Microestrutura** – Essa é a estrutura das sessões de treinamento isoladas e dos pequenos ciclos compostos de algumas sessões de treinamento (microciclos).
2. **Mesoestrutura** – Trata-se da estrutura de ciclos médios (mesociclos), que envolve alguns microciclos.
3. **Macroestrutura** – Essa é a estrutura dos grandes ciclos de treinamento (macrociclos) anuais, semestrais e quadrimestrais.

6.4.1 Microestrutura do processo de treinamento

Com relação às sessões de treinamento, elas são compostas de três partes, conforme indicam Weineck (2003) e Gomes (2009): 1) preparatória; 2) principal; e 3) final.

A **parte preparatória** corresponde ao aquecimento, que tem a função de preparar o corpo para as tarefas da parte seguinte. Nessa etapa, geralmente se recomendam, no início, exercícios aeróbios de baixa intensidade para aumentar a temperatura corporal e começar a ativar os sistemas cardiovascular e respiratório e todos os mecanismos de transporte de oxigênio. Após alguns minutos de aquecimento, inicia a parte específica do aquecimento, em que o atleta começa a utilizar exercícios que visam aumentar a potência do trabalho, exigindo mecanismos de coordenação neuromuscular mais complexos e preparando os mecanismos de produção de energia.

A **parte principal** compreende a resolução de tarefas planejadas para a sessão de treinamento. Nesse contexto, é importante destaca que as sessões de treinamento, dependendo da organização das tarefas na parte principal, podem ser classificadas como **seletivas** ou **complexas**. As sessões seletivas são aquelas que resolvem tarefas com uma única orientação de carga (por exemplo, treinamento de força explosiva com orientação alática); já as sessões complexas são caracterizadas pela resolução de tarefas com diferentes orientações de carga (por exemplo, velocidade, resistência de velocidade, resistência aeróbia, ou seja, orientação alática, lática e aeróbia, respectivamente). As sessões seletivas são mais eficientes para resolver as tarefas do treinamento por terem um efeito mais profundo sobre os sistemas funcionais do atleta. Por outro lado, as sessões complexas são mais utilizadas em épocas próximas às competições por ajudarem na manutenção do nível de preparo (situação que ocorre pelo fato de as sessões complexas promoverem um efeito mais amplo, porém menos profundo, sobre as possibilidades funcionais do atleta).

A **parte final** das sessões de treinamento é caracterizada por um direcionamento do treinamento para ajudar o organismo do atleta a voltar ao estado de homeostase. Nesse caso, são recomendados exercícios de baixa intensidade, de relaxamento e de alongamento.

Além das partes descritas e da subdivisão das sessões de treinamento em seletivas e complexas, destacamos ainda o "dia de treinamento", no qual são executadas duas ou mais sessões de treinamento; essas sessões são classificadas e/ou diferenciadas em sessões **fundamentais** e **complementares**, pelo fato de, muitas vezes, o efeito da sessão principal causar a necessidade de recuperação do atleta em um período de 48 a 72 horas. Em razão desse fato, as sessões complementares são planejadas nesse "fundo recuperativo" com o intuito de acelerar a recuperação ou potencializar o efeito das sessões fundamentais (Platonov, 2013).

Com relação aos **microciclos**, geralmente correspondem a um período entre 2-4 a 10-14 dias, no entanto o mais comum é o microciclo durar 7 dias, em virtude das demandas sociais da vida do ser humano, que levam em conta o calendário semanal. Nesse caso, o microciclo considera a relação entre as sessões de treinamento no decorrer da semana, ou seja, cada sessão é planejada de acordo com as tarefas do dia anterior e do dia seguinte.

Nesse contexto, dentro dessa estrutura podem ser observadas duas fases: cumulativa e recuperativa. Isso ocorre porque, de certa forma, as cargas do microciclo formam uma espécie de "onda", então, no início e no meio do microciclo, a carga de treinamento tende a crescer, ao passo que, no fim, ela tende a diminuir (Platonov, 2013).

Segundo Platonov (2013), os microciclos são classificados de acordo com as tarefas a serem resolvidas, como descrevemos a seguir:

- **Microciclos de treinamento propriamente ditos** – Como o próprio nome indica, esses microciclos são mais utilizados no período preparatório do treinamento; podem ter direcionamento geral ou especial e, dependendo da etapa e de acordo com sua grandeza, podem ser denominados *de choque* ou *ordinários*.
- **Microciclos modeladores** – Esse tipo de microciclo é mais utilizado nos mesociclos (ciclos médios) que antecedem as competições. O objetivo é justamente modelar a competição, ou seja, aproximar-se ao máximo do regime das competições (treinar no mesmo horário, reproduzir situações competitivas etc.).
- **Microciclos competitivos** – Esse tipo de microciclo está presente no período competitivo (entre as competições) e tem a tendência de utilizar cargas recuperativas e de manutenção do nível de preparo com predomínio de exercícios especiais e competitivos.
- **Microciclos recuperativos** – São microciclos que têm volume de treinamento diminuído com o objetivo de promover a recuperação das cargas de treinamento de microciclos anteriores. Geralmente, esses microciclos encerram mesociclos.

A Figura 6.4 apresenta um modelo hipotético de microciclo.

Figura 6.4 Exemplo de microciclo competitivo no futebol com um jogo semanal

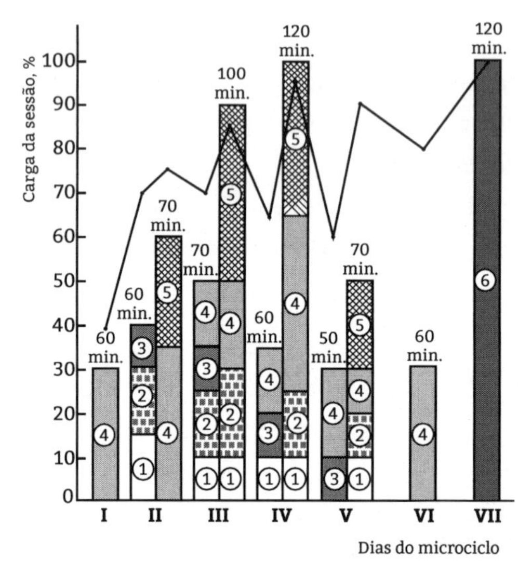

1 – força-velocidade; 2 – resistência especial; 3 – coordenação e flexibilidade; 4 – preparação técnica; 5 – preparação tática; 6 – jogo.

Fonte: Platonov, 2015, p. 605, tradução nossa.

A seguir, a Figura 6.5 também ilustra um modelo hipotético de microciclo.

Figura 6.5 Esquema de distribuição de cargas no microciclo semanal de preparação especial de jogadores de hóquei no gelo

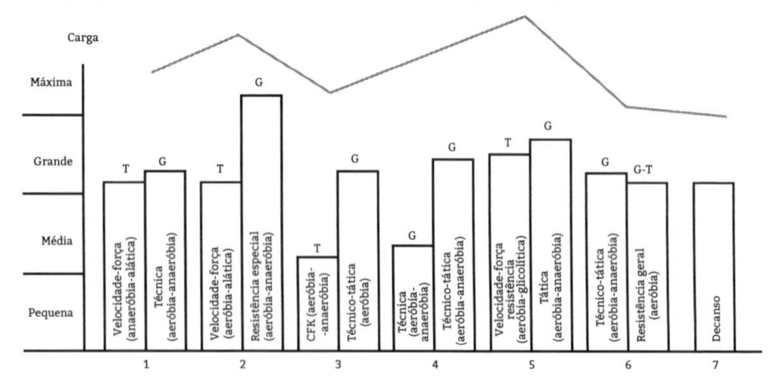

T – treinamento na terra; G– treinamento no gelo.

Fonte: Savin, 2003, p. 254, tradução nossa.

Os microciclos são, como já mencionado nesta seção, conhecidos como a *estrutura pequena* da periodização do treinamento desportivo. A junção de alguns microciclos forma uma estrutura média, denominada *mesociclo*, a qual abordaremos na próxima seção.

6.4.2 Mesoestrutura do processo de treinamento

Com relação ao **mesociclo**, destacamos que se trata de uma estrutura que pode apresentar entre dois e seis microciclos, com duração, na maioria dos casos, de aproximadamente um mês, ou seja, o mesociclo é composto de quatro microciclos, em média, com duração de uma semana cada. Assim como ocorre nos microciclos, nos mesociclos é observada uma dinâmica de cargas que forma uma "onda", geralmente de dois a três microciclos de treinamento de carga crescente – fase cumulativa (com o fim de promover as mudanças orgânicas necessárias para a adaptação) e um microciclo de recuperação, ou fase recuperativa (com o intuito de concretizar as mudanças estruturais adaptativas causadas pela primeira fase do mesociclo) (Platonov, 2013).

Conforme Platonov (2013), de acordo com as tarefas a serem resolvidas, os mesociclos são classificados do seguinte modo:

- **Mesociclo de introdução** – Geralmente, é o primeiro mesociclo do macrociclo. É composto por 2 a 3 microciclos ordinários de preparação geral seguidos de um microciclo de recuperação.
- **Mesociclo básico de treinamento** – É o principal mesociclo do período preparatório. Nesse mesociclo se resolvem as tarefas centrais do treinamento, aumentando as possibilidades do organismo do atleta.
- **Mesociclo preparatório de controle** – É uma forma transitória entre os mesociclos básicos e competitivos.

O trabalho de treinamento é combinado com a participação do atleta em competições que têm significado de controle de treinamento e são subordinadas à preparação para as competições principais.

- **Mesociclo pré-competitivo** – A particularidade desse mesociclo é determinada pela necessidade da máxima aproximação do regime das competições para garantir a adaptação e criar condições ótimas para a realização total das possibilidades do atleta nas competições importantes. É composto por microciclos modeladores.
- **Mesociclo competitivo** – Esse é o tipo fundamental de mesociclo no período das competições principais. Dependendo da quantidade e da ordem de distribuição das competições, o mesociclo competitivo pode ser alterado, envolvendo microciclos modeladores e de treinamento.
- **Mesociclo preparatório recuperativo e recuperativo de manutenção** – O primeiro, pelos seus indicadores, é similar aos mesociclos básicos, mas envolve uma quantidade aumentada de microciclos recuperativos. O segundo é caracterizado por um regime de treinamento ainda mais leve com o efeito de transição fracionado da forma.

A seguir, a Figura 6.6 apresenta um modelo hipotético de mesociclo competitivo.

Figura 6.6 Exemplo de um mesociclo competitivo para futebolistas com intensa atividade competitiva (8 jogos)

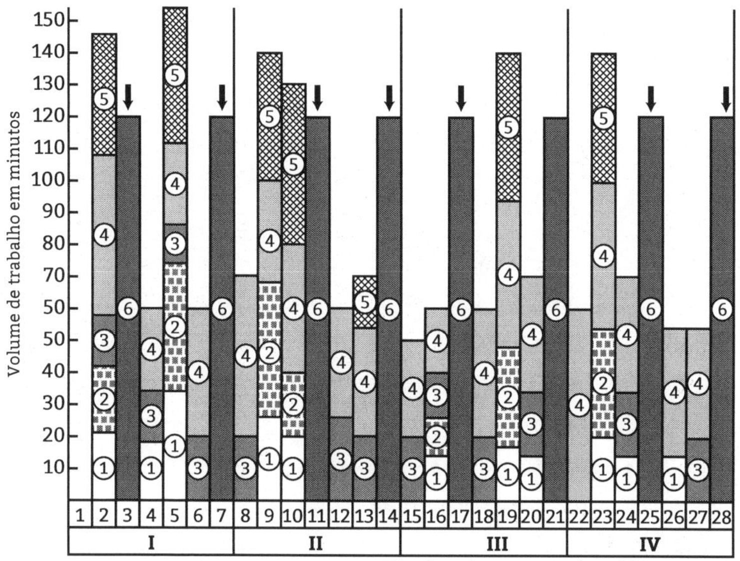

1 – força-velocidade; 2 – resistência especial; 3 – coordenação e flexibilidade; 4 – preparação técnica; 5 – preparação tática; 6 – jogo.

Fonte: Platonov, 2013, p. 373, tradução nossa.

Os mesociclos, quando organizados em sequência, formam elementos estruturais maiores, como os períodos e etapas que constituem o macrociclo de treinamento, tópico que abordaremos na seção a seguir.

6.4.3 Macroestrutura do processo de treinamento

Os **macrociclos** são grandes ciclos de treinamento e apresentam basicamente três períodos: 1) preparatório; 2) competitivo; e 3) transitório (Matveev, 2010).

O **período preparatório** constitui o momento ou a fase de estabelecimento da forma desportiva. Esse período é a primeira premissa natural da periodização do processo de treinamento e pode subdividir-se em duas etapas: preparatória geral e preparatória especial.

Na **etapa geral** de preparação, o principal objetivo é criar as premissas para estabelecer a forma desportiva. Nesse contexto, essas premissas são apresentadas como a condição essencial para o aumento do nível geral das possibilidades funcionais do organismo, do desenvolvimento multifacetado das capacidades físicas, assim como a aquisição ou fixação de habilidades motoras do atleta. Vale ressaltar que, nessa etapa, a preparação geral predomina sobre a preparação especial, mas essa proporção depende do nível prévio de preparo, especialização e estágio esportivo do atleta, além de outras circunstâncias.

Na **etapa de preparação especial**, o treinamento se configura para garantir o estabelecimento direto da forma desportiva. Se na primeira etapa são criadas e melhoradas as premissas fundamentais, na segunda fase elas devem estar desenvolvidas e unidas em componentes harmônicos de preparo ótimo para as realizações objetivas. A forma desportiva se constrói diretamente no processo e no resultado dos exercícios que modelam e depois reproduzem por completo todos os detalhes das ações competitivas. Por isso, na segunda etapa do período preparatório, cresce o peso dedicado à preparação especial e eleva-se antes de tudo a intensidade absoluta dos exercícios preparatórios especiais e competitivos, que se expressam no aumento de velocidade, frequência, potência e outras características de força-velocidade do movimento. Devemos lembrar também que a contração do volume de cargas acontece, a princípio, à custa dos exercícios preparatórios gerais. Nesse fundo, continua a aumentar o volume de exercícios preparatórios especiais. Posteriormente, o volume estabiliza e diminui parcialmente.

O **período competitivo** consiste no momento das competições fundamentais que criam condições para a realização da forma desportiva adquirida em resultados esportivos elevados. Quando esse período apresenta algumas competições fundamentais, surge a tarefa de manutenção da forma desportiva.

Nesse contexto, a preparação física adquire um caráter de preparação funcional máxima direta para a tensão competitiva, direcionando-se para a realização da capacidade de trabalho especial máxima, sua manutenção nesse nível e a manutenção do nível de preparo geral atingido. A preparação técnica e tática garante que a forma escolhida de atividade competitiva seja levada até o mais alto grau de perfeição. Isso, por um lado, implica a fixação das habilidades antes adquiridas. Por outro, sugere o aumento da variabilidade das habilidades ou ações técnicas; a aplicabilidade em diferentes condições de luta desportiva por meio da coordenação de movimento precisamente polida; o aperfeiçoamento em diferentes ações técnico-táticas; e o desenvolvimento do pensamento tático. Na preparação psicológica especial, adquire significado particular a mobilização na máxima manifestação as forças mentais, como de regulação do estado emocional e das manifestações volitivas no processo competitivo, educação da relação correta com a possibilidade de resultado esportivo negativo e manutenção do tônus emocional positivo.

Todas as faces da preparação do atleta nesse período aproximam-se estreitamente. A frequência de participação nas competições depende de uma série de condições concretas. Em primeiro lugar, do nível de qualificação do atleta e das particularidades da modalidade esportiva. Ao mesmo tempo, o calendário individual de competições em qualquer caso deve ter uma "saturação" suficiente para estimular efetivamente o desenvolvimento da capacidade de trabalho específica e a maestria esportiva – capacidade do atleta de utilizar por completo todo o potencial locomotor em conformidade com o sistema de movimentos e as regras da competição de uma dada modalidade.

O **período transitório**, no sentido mais amplo, corresponde ao descanso ativo. Nesse período, devem ser criadas condições para a manutenção de determinado nível de preparo do atleta e, mais ainda, a garantia da continuidade entre o macrociclo que se encerra e o que se inicia. Aqui a diversidade de exercícios, a variabilidade das condições e a clara e expressiva emoção positiva são o que há de mais importante.

A seguir, a Figura 6.7 apresenta um modelo de periodização anual composto por dois macrociclos.

Figura 6.7 Periodização anual dupla típica para arremessadores de peso de alto nível

<table>
<tr><td>Semanas</td><td>1</td><td>2</td><td>3</td><td>4</td><td>5</td><td>6</td><td>7</td><td>8</td><td>9</td><td>10</td><td>11</td><td>12</td><td>13</td><td>14</td><td>15</td><td>16</td><td>17</td><td>18</td><td>19</td><td>20</td><td>21</td><td>22</td><td>23</td><td>24</td><td>25</td><td>26</td><td>27</td><td>28</td><td>29</td><td>30</td><td>31</td><td>32</td><td>33</td><td>34</td><td>35</td><td>36</td><td>37</td><td>38</td><td>39</td><td>40</td><td>41</td><td>42</td><td>43</td><td>44</td><td>45</td><td>46</td><td>47</td><td>48</td><td>49</td><td>50</td><td>51</td><td>52</td></tr>
<tr><td>Competições</td><td></td><td></td><td></td><td></td><td></td><td></td><td></td><td></td><td></td><td></td><td></td><td></td><td></td><td></td><td></td><td>O</td><td>O</td><td></td><td></td><td>O</td><td></td><td></td><td>O</td><td></td><td></td><td></td><td></td><td></td><td></td><td></td><td></td><td></td><td></td><td></td><td></td><td></td><td></td><td></td><td></td><td></td><td></td><td></td><td></td><td></td><td></td><td></td><td></td><td></td><td></td><td></td><td></td><td></td></tr>
<tr><td>Importância</td><td></td><td></td><td></td><td></td><td></td><td></td><td></td><td></td><td></td><td></td><td></td><td></td><td></td><td></td><td></td><td>4</td><td>3</td><td></td><td></td><td>2</td><td></td><td></td><td>2</td><td></td><td></td><td></td><td></td><td></td><td></td><td></td><td></td><td></td><td></td><td></td><td></td><td></td><td></td><td></td><td></td><td></td><td></td><td></td><td></td><td></td><td></td><td></td><td></td><td></td><td></td><td></td><td></td><td></td></tr>
<tr><td>Macrociclo</td><td colspan="23">1º</td><td colspan="29">2º</td></tr>
<tr><td>Período</td><td colspan="14">Preparatório</td><td colspan="9">Competitivo</td><td colspan="13">Preparatório</td><td colspan="12">Competitivo</td><td colspan="4">Transitório</td></tr>
<tr><td>Etapa</td><td colspan="8">Preparatório geral</td><td colspan="6">Preparatório especial</td><td colspan="5">Pré-competitiva</td><td colspan="4">Competitiva</td><td colspan="5">Preparatório geral</td><td colspan="8">Preparatório especial</td><td colspan="4">Pré-competitiva</td><td colspan="8">Competitiva</td><td colspan="4" rowspan="6"></td></tr>
<tr><td>Mesociclo</td><td colspan="8">1</td><td colspan="6">2</td><td colspan="5">3</td><td colspan="4">4</td><td colspan="5">5</td><td colspan="4">6</td><td colspan="4">7</td><td colspan="4">8</td><td colspan="8">9</td></tr>
<tr><td>Preparação técnica</td><td colspan="8">Transição de técnica linear para rotacional</td><td colspan="6">Trabalho de aperfeiçoamento da técnica</td><td colspan="5">Escolha técnica competitiva</td><td colspan="4">Escolha do rítmo</td><td colspan="5">Ênfase na rotação</td><td colspan="4">Estabilização da potência</td><td colspan="4">Estabilização das reações</td><td colspan="4">Controle da aceleração</td><td colspan="8">Escolha do rítmo</td></tr>
<tr><td>Preparação tática</td><td colspan="8">———</td><td colspan="6">———</td><td colspan="5">Modelagem da atividade competitiva</td><td colspan="4">De acordo com as necessidades</td><td colspan="5">———</td><td colspan="4">Modelagem da atividade competitiva</td><td colspan="4">Criação de condições dificultadas</td><td colspan="4">Análise da participação competitiva</td><td colspan="8">De acordo com as necessidades</td></tr>
<tr><td>Preparação física</td><td colspan="8">Força máxima</td><td colspan="6">Velocidade/força explosiva</td><td colspan="5">Força/potência</td><td colspan="4">Velocidade/ portência</td><td colspan="5">Força máxima</td><td colspan="4">Velocidade</td><td colspan="4">Velocidade/ força explosiva</td><td colspan="4">Portência</td><td colspan="8">Força explosiva</td></tr>
<tr><td>Preparação psicológica</td><td colspan="8">Estabelecimento do objetivo nas competições</td><td colspan="6">Controle da atenção</td><td colspan="5">Criação do modelo</td><td colspan="4">Ênfase na competição</td><td colspan="5">De acordo com as necessidades</td><td colspan="4">Observação do regime pré competitivo</td><td colspan="4">Modelagem do regime pré competitivo</td><td colspan="4">Autocontrole</td><td colspan="8">Ênfase no processo competitivo</td></tr>
<tr><td>Microciclos</td><td>1</td><td>2</td><td>3</td><td>4</td><td>5</td><td>6</td><td>7</td><td>8</td><td>9</td><td>10</td><td>11</td><td>12</td><td>13</td><td>14</td><td>15</td><td>16</td><td>17</td><td>18</td><td>19</td><td>20</td><td>21</td><td>22</td><td>23</td><td>24</td><td>25</td><td>26</td><td>27</td><td>28</td><td>29</td><td>30</td><td>31</td><td>32</td><td>33</td><td>34</td><td>35</td><td>36</td><td>37</td><td>38</td><td>39</td><td>40</td><td>41</td><td>42</td><td>43</td><td>44</td><td>45</td><td>46</td><td>47</td><td>48</td><td>49</td><td>50</td><td>51</td><td>52</td></tr>
<tr><td>Trabalho de trinamento (volume e intensidade)</td><td colspan="52"></td></tr>
</table>

O – Competições menos importantes 4, 3. O – Competições principais 2, 1.

Fonte: Platonov, 2013, p. 431, tradução nossa.

De forma resumida, podemos afirmar que o macrociclo de treinamento é composto de três períodos ou etapas: 1) preparatório; 2) competitivo; e 3) transitório. Esses períodos estão em conformidade com as fases da forma desportiva – estabelecimento, manutenção e perda temporária. Cada um deles apresenta mesociclos que têm suas particularidades em correspondência com os objetivos a serem alcançados e as tarefas a serem resolvidas naquele período ou etapa. Os microciclos são ciclos pequenos que compõem os mesociclos e estão subordinados ao objetivo da etapa ou período de treinamento. O objetivo do período preparatório é o desenvolvimento da forma desportiva – estado ótimo e harmônico de preparo físico, técnico, tático e psicológico que garante o alcance de elevados resultados e só pode ser adquirido somado a determinadas condições em cada macrociclo.

A periodização do treinamento sempre visa, em primeiro plano, ao desenvolvimento da forma desportiva de macrociclo para macrociclo, ou seja, o aperfeiçoamento contínuo do atleta. Quando um atleta tem seu melhor desempenho em dado macrociclo inferior ou igual ao macrociclo anterior, fala-se em *quase forma desportiva*. Existem critérios para a avaliação da forma desportiva. O primeiro está relacionado com a variação dos resultados, ou seja, quando o atleta está nesse estado, os resultados esportivos variam de 1 a 2% para mais ou para menos em relação ao melhor desempenho (em jogos desportivos e lutas, fala-se em até 4%). Além disso, a forma desportiva é um estado que não pode ser mantido por mais de 2 a 2,5 meses.

Por fim, é importante destacar que, na concepção de Matveev (1964, 1977, 1991, 2010), a periodização é considerada racional quando a forma desportiva é atingida justamente em conformidade com o período de realização das principais competições daquele macrociclo.

6.5 Princípios do treinamento e da preparação esportiva

Os princípios especiais da preparação esportiva são considerados o fundamento da teoria do esporte (do latim *principium* – "base", "início"). Em outras palavras, os princípios orientam as ideias e posições bem estabelecidas, que, por sua vez, apoiam os conteúdos (particularidades do treinamento) dos princípios em leis regentes do processo de preparação – relações estáveis e repetitivas: entre o talento natural e as possibilidades de realização do alto nível dos componentes da maestria esportiva; entre os fatores de influência no organismo do atleta e suas reações imediatas (agudas), sumárias, cumulativas; entre as diferentes capacidades e componentes da preparação (técnico, tático, físico e psicológico) e os tipos (geral, especial) de preparo (Platonov, 2004, 2013, 2015).

Os princípios especiais do treinamento desportivo são, de forma geral, uma síntese teórica que determina o conteúdo e o andamento do processo de preparação dos atletas em concordância com os objetivos gerais e a natureza desse mesmo processo. Os princípios são a base para o cumprimento de regras na atividade do treinador, ou seja, um conjunto de indicações de como necessariamente o treinador deve agir em diversas situações típicas e características da preparação de atletas. As regras expressas nos princípios geralmente existem em forma de recomendações metodológicas generalizadas, necessárias para a efetivação das exigências do próprio princípio. É importante destacar que os princípios não são respostas concretas para perguntas, como agir em cada situação real ou algo análogo; ao contrário disso, eles exigem uma abordagem criativa por parte do treinador e do atleta.

Os princípios do treinamento e da preparação do atleta não fixam normas rígidas a respeito da estrutura de preparação plurianual ou anual ou do conteúdo de aperfeiçoamento da preparação física, psicológica e técnico-tática, da dinâmica das cargas de treinamento e competição, da construção dos programas de sessão de treinamento, microciclos e mesociclos, do conteúdo dos modelos da atividade competitiva etc. Eles são apenas posições generalizadas e objetivas de caráter metodológico que refletem o conjunto das leis naturais, que influenciam objetivamente o estabelecimento da maestria esportiva. O conhecimento e o entendimento dos princípios tornam a atividade do treinador (e de outros especialistas envolvidos na preparação do atleta) mais compreensiva e fundamentada, evitando decisões que entrem em contradição com o processo natural e racional de estabelecimento da maestria desportiva.

A ampliação das bases científicas e metodológicas da preparação de atletas, as mudanças organizacionais na esfera do esporte de alto rendimento e a experiência passada da prática esportiva exigem um aperfeiçoamento contínuo dos princípios específicos da preparação esportiva (definição mais precisa dos princípios existentes e criação de novos).

Assim, conforme Platonov (2015), os princípios mais importantes se baseiam em posições científicas verificadas na prática esportiva. São eles:

- busca ou aspiração pelo alto rendimento;
- especialização profunda;
- unidade de preparação geral (fundamental, básica) e especial;
- continuidade do processo de treinamento;
- unidade de aumento gradual da carga e tendência ao máximo (progressão);
- ondulação das cargas;
- variação das cargas;
- ciclicidade do processo de treinamento;
- unidade e inter-relação da estrutura da atividade competitiva com a estrutura de preparação;

- unidade e inter-relação do processo de treinamento e atividade competitiva com os fatores externos ao treinamento;
- unidade e inter-relação do processo de preparação com a profilaxia de traumas.

6.5.1 Princípio da busca ou aspiração pelo alto rendimento

Conforme Platonov (2015), o princípio da busca ou aspiração pelo alto rendimento se efetua na utilização dos meios e métodos de treinamento mais eficazes, na contínua intensificação do processo de treinamento e da atividade competitiva, na otimização do regime de vida, na utilização de um sistema especial nutricional, de descanso e de recuperação etc. A experiência prática demonstra que as consequências de se apoiar em tal princípio são o crescimento gradual e contínuo dos resultados esportivos e o aumento da concorrência nas competições dos mais diversos níveis.

A busca ou aspiração pelo alto rendimento, em grande medida, predetermina todas as linhas de preparação esportiva: a orientação-alvo, as tarefas, o conteúdo de meios e métodos, as estruturas diversas do processo de treinamento (etapas da preparação plurianual, macrociclos, períodos etc.), o sistema de controle complexo e gestão, a atividade competitiva, entre outras.

Esse princípio predetermina o contínuo aperfeiçoamento dos aparelhos de treinamento e de tecnologias de controle do preparo e da preparação, das condições do local de competição, do desenvolvimento da ciência esportiva e da medicina do esporte, ou seja, toda atividade que de alguma forma influencia diretamente o resultado da preparação do atleta e a atividade competitiva.

6.5.2 Princípio da especialização profunda

Uma das leis naturais do esporte moderno está relacionada com o fato de que não é possível atingir ao mesmo tempo grandes realizações não só em diferentes modalidades esportivas, como também em diferentes disciplinas e competições que se diferenciam. Essa situação acontece principalmente quando as atividades competitivas executadas se distinguem pela estrutura dos movimentos e pela solicitação de diferentes sistemas funcionais do organismo. Isso predefine a necessidade de se atentar para o princípio da especialização profunda, fundamentado na demanda de que o conteúdo do processo de preparação garanta o preparo do atleta correspondente às exigências de certa modalidade ou disciplina esportiva (Platonov, 2015).

Esse princípio passa a valer ainda nas primeiras etapas do processo plurianual de preparação, particularmente na terceira etapa. É nesse momento que o processo de treinamento deve ser especializado para uma única modalidade esportiva. Assim, quanto maior é o nível do atleta, maior é a expressão desse princípio na preparação esportiva, apoiando-se na máxima utilização das possibilidades individuais e na capacidade do atleta de realizar um determinado modelo de atividade competitiva.

Apesar de esse princípio ser bem fundamentado na prática esportiva, não se pode interpretá-lo literalmente ou de forma dogmática. Sempre existem algumas exceções; por exemplo, não é tão raro vermos jogadores de futebol que ao longo da carreira mudam de posição em campo, ciclistas que mudam da pista (velódromo) para provas de estrada, atletas de natação ou ciclismo que migram para triatlo etc. No entanto, é sempre importante notar as semelhanças de movimento existentes entre as modalidades.

6.5.3 Princípio da unidade de preparação geral (básica) e especial

É claro que o mais alto nível de preparo técnico, tático, físico, psicológico e integral exige a utilização de um grande conjunto de exercícios preparatórios especiais e competitivos condicionados pela especificidade de determinada modalidade esportiva (Platonov, 2015). No entanto, isso não diminui a significância da preparação geral (fundamental, básica) e dos correspondentes meios de treinamento.

Nas etapas iniciais de preparação plurianual, a preparação geral está relacionada com a garantia da promoção do desenvolvimento físico multifacetado e harmônico de crianças e adolescentes; já para atletas adultos de alta qualificação, a preparação geral é usada para o desenvolvimento daqueles componentes do preparo que não podem ser treinados na medida necessária pelos meios de preparação especial de dada modalidade esportiva. Podemos afirmar que, de certa forma, o papel da preparação geral na prática dos atletas qualificados não diminui, mas o arsenal desses meios de treinamento se amplifica.

Tal abordagem se apoia no grande material científico existente que certifica o fato de os mecanismos biológicos e as leis de adaptação do organismo em face do treinamento, em grande medida, serem universais. Logo, a possibilidade do fenômeno de "transferência" dos diversos efeitos de inúmeros exercícios pode ser suficientemente significativa. Por exemplo, sabe-se que o treinamento de força explosiva tende a gerar ganhos de potência mecânica no decorrer de quatro meses, sendo que, após esse período, as mudanças tendem a estancar ou ficar mais discretas. Esse problema pode ser resolvido com meios de preparação geral para hipertrofia, que, mediante o aumento do número de pontes cruzadas disponíveis, eleva o potencial funcional contrátil do músculo e, consequentemente, permite que o treinamento de força explosiva volte a ter efeitos positivos.

Independentemente da etapa de preparação plurianual, os meios de preparação geral e especial são inter-relacionados e, em essência, são integrados no processo de preparação, entretanto seu conteúdo é dado pela especificidade de uma modalidade esportiva concreta. Por isso, os exercícios gerais, direta ou indiretamente, constroem a base necessária para uma efetiva preparação especial posteriormente.

Alguns especialistas, infelizmente, subestimam a importância da preparação geral, acreditando que o processo de treinamento deve ser composto exclusivamente de exercícios de preparação especial. Em nosso entendimento, o preparo integral do atleta é multifacetado, sendo que, para que existam mudanças reais e concretas na capacidade de trabalho do atleta, é necessário que ocorram as respectivas mudanças funcionais. Nesse contexto, destacamos que, por si só, a função de órgãos e sistemas do organismo não pode alterar-se, ou seja, para que existam mudanças funcionais, é preciso que haja mudanças morfológicas correspondentes. Por exemplo, o aumento do volume sistólico do coração e do débito cardíaco exige o aumento do tamanho e da massa do miocárdio. Essas mudanças no sistema cardiovascular somadas a mudanças na densidade mitocondrial no músculo esquelético permitem o aumento da resistência e de alguns indicadores funcionais, como o consumo máximo de oxigênio e a potência no nível do limiar anaeróbio. Todavia, vale ressaltar que uma preparação totalmente específica e integral gera um efeito muito amplo na manutenção do nível de condicionamento, mas, ao mesmo tempo, não consegue causar um efeito profundo em cada sistema funcional do organismo.

6.5.4 Princípio da continuidade do processo de treinamento

As leis naturais que regem o estabelecimento das diferentes faces do preparo (técnico, tático, físico e psicológico), assim como a ampliação da reserva funcional do organismo relacionada com os componentes desse preparo, exigem a influência de treinamento regulares. Até mesmo um pequeno intervalo no processo de treinamento leva ao desenvolvimento de processos de desadaptação nos diferentes componentes do preparo do atleta.

Isso evidencia a necessidade de destacar a continuidade do processo como um dos princípios do treinamento. Tal princípio é caracterizado pelas seguintes posições (Platonov, 2015):

- A preparação esportiva é construída como processo contínuo (sem pausa), plurianual, constante e duradouro, no qual todos os elos são inter-relacionados e subordinados à tarefa de atingir o alto rendimento.
- A interação de cada sessão de treinamento, microciclo, mesociclo, período etc. está assentada nos resultados anteriores, que serão fixados e desenvolvidos.
- O trabalho e o descanso na preparação são regulamentados em um contexto, para garantir o desenvolvimento ótimo de qualidades e capacidades que determinam a maestria esportiva e evitar a criação de oportunidade para a desadaptação dos diferentes componentes da preparação.

Portanto, conforme vimos, mesmo pequenas pausas no processo de treinamento podem causar um efeito de desadaptação. Nesse contexto, existem componentes mais instáveis (que se alteram rapidamente) e outros mais estáveis (que se alteram lentamente). Por exemplo, segundo Vovk (2001, 2007), a densidade mitocondrial pode começar a diminuir já nos primeiros 5 dias após a pausa de treinamento, sendo que com 15 dias de pausa a densidade mitocondrial é diminuída até o nível inicial (antes do início da preparação). Paralelamente a isso, o músculo esquelético é capaz de sintetizar mitocôndrias e recuperar-se por completo com 10 a 15 dias de treinamento (Seluianov; Sarsania; Zaborova, 2012). Por outro lado, as adaptações no sistema cardiovascular exigem mais tempo de treinamento (10 a 12 semanas) e o processo de desadaptação também é mais lento; assim, esse sistema corresponde a um componente mais estável.

As situações descritas não ocorrem de modo diferente com a força e a velocidade. Por exemplo, a velocidade tende a estancar no período entre 11 e 20 sessões de treinamento, sendo que ela já começa a piorar, assim como a força especial, após 15 dias sem a aplicação de cargas dessa orientação, em virtude de perdas de coordenação neuromuscular e percepção espaço-temporal. Apesar de a força já apresentar decréscimo após 15 dias de pausa, a perda não se dá pela diminuição de massa muscular, visto que a perda de massa muscular significativa em atletas de alto rendimento ocorre entre 4 e 6 semanas. Com o treinamento voltado unicamente nessa direção, a força máxima tende a estancar após 8 semanas de treinamento, e a força explosiva, após 16 a 20 semanas; porém, se o treinamento de força for direcionado também para a hipertrofia, de forma paralela, a estagnação desses parâmetros não acontecerá (Bosco, 2007; Vovk, 2007; Verkhoshansky, 2013).

De forma geral, as informações e os conhecimentos científicos que fundamentam o princípio da continuidade também reforçam, indiretamente, a ideia da importância do princípio da unidade de preparação geral e especial, uma vez que geralmente os componentes mais estáveis do preparo são aperfeiçoados com meios de preparação geral, enquanto os componentes mais instáveis o são por meio da preparação especial.

6.5.5 Princípio da unidade de aumento gradual da carga e tendência ao máximo (progressão)

O processo adaptativo ante as cargas de treinamento e o estabelecimento dos diferentes componentes da maestria esportiva acontecem quando, em cada nova etapa de aperfeiçoamento, o treinamento apresenta ao organismo do atleta exigências próximas dos limites das possibilidades funcionais desse indivíduo. Esse processo adaptativo determina o fluxo efetivo de mudanças orgânicas que aumentam a capacidade de trabalho do atleta; no entanto, como se sabe, a cada "degrau" que o atleta sobe no nível de condicionamento, o treinamento também deve aumentar a influência sobre o organismo, a fim de estimular novamente os processos adaptativos e, por consequência, um novo nível de preparo cada vez mais elevado. Essa progressão das cargas é o que determina a importância desse princípio (Platonov, 2015).

Existem algumas formas de aumentar a carga de treinamento no processo de aperfeiçoamento plurianual, entre as quais as de maior destaque são as seguintes:

- aumento do volume anual de trabalho de 100-300 horas para até 1.300-1.500 horas;
- aumento da quantidade de sessões de treinamento nos microciclos de 2-3 para até 10-15;
- aumento da quantidade de sessões de treinamento diárias de 1 para 2-3;
- aumento da quantidade de sessões de treinamento seletivas, que causam mobilização profunda nas possibilidades funcionais do organismo;
- crescimento da fração de trabalhos em regime rígido, com grande exigência dos sistemas anaeróbios de abastecimento energético no volume total de trabalho;

- utilização de diferentes gêneros de meios técnicos e fatores naturais que contribuem para a mobilização complementar das reservas funcionais do organismo (aparelhos especiais de treinamento, treinamento em condições de hipóxia);
- aumento do volume de atividade competitiva;
- gradual ampliação da aplicação de fatores complementares (fisioterápicos e farmacológicos) com o objetivo de elevar a capacidade de trabalho e acelerar a recuperação dos atletas.

6.5.6 Princípio da ondulação das cargas

A ondulação das cargas em diferentes formações estruturais do processo de treinamento (macro, meso e microciclo), tanto em relação à grandeza quanto em relação à orientação preferencial, é sem dúvida um princípio importante na preparação esportiva (Platonov, 2015). A utilização desse princípio é baseada não somente na execução de grandes volumes de treinamento com a prevenção do fenômeno de sobretreinamento, mas também na inter-relação do processo de fadiga e recuperação com efeito retardado de treinamento (ou seja, ondular a carga é importante tanto para não cansar em excesso quanto para obter o efeito retardado); no desenvolvimento racional das capacidades físicas; nos componentes multifacetados do preparo; na garantia do balanço entre as cargas de treinamento e os fatores externos ao treinamento que permitem a efetiva recuperação do fluxo de reações adaptativas.

A dinâmica das cargas de treinamento, regular e escalonada (que aumenta gradualmente), pode ser observada como característica geral das primeiras etapas do processo de treinamento até o estágio de maestria esportiva (principalmente quando se observam números como a quantidade de horas de treinamento anual, dias de treinamento, sessões etc.). Todavia, quando a análise sai do nível geral e vai para um nível mais aprofundado das estruturas do treinamento, considerando-se cada ciclo (micro, meso, macro), a dinâmica ondulatória torna-se evidente, principalmente a partir da terceira etapa do processo de preparação plurianual.

O princípio das cargas ondulatórias é o instrumento para a ocorrência natural do processo de adaptação no organismo do atleta, fato que em parte determina a efetividade do treinamento. Geralmente, nos mesociclos tradicionais, as cargas de treinamento apresentam a tendência de crescer nas primeiras três semanas (microciclos) e cair para níveis entre 20 e 40% em relação ao microciclo de maior carga. É nesse momento (de recuperação) que se concretizam as adaptações estimuladas pelas semanas anteriores de treinamento e que causam o efeito retardado de treinamento. Os detalhes de como se efetiva todo o processo adaptativo nos sistemas do organismo foram discutidos anteriormente, no Capítulo 3.

6.5.7 Princípio da variabilidade das cargas

A variabilidade ou variação de cargas é condicionada: 1) pela diversidade de tarefas e problemas do treinamento desportivo; 2) pela necessidade de gerir a capacidade de trabalho do atleta em processos de recuperação em diferentes formações estruturais do processo de treinamento. O amplo espectro de meios e métodos de treinamento é o que garante diversas influências sobre o organismo do atleta, assim como a aplicação de cargas em diferentes grandezas em cada sessão de treinamento, microciclos, entre outras estruturas, é o que determina a variabilidade da carga no processo de treinamento (Platonov, 2015).

Dessa forma, a variabilidade da carga permite o desenvolvimento multifacetado das qualidades do atleta, sendo assim fator determinante no resultado esportivo. A variabilidade contribui para a elevação da capacidade de trabalho junto da exceção de exercícios isolados, programas de sessões e microciclos; além disso, colabora para o aumento do volume sumário de trabalho, a intensificação de processos recuperativos e a profilaxia de fenômenos de sobretreinamento e fadiga nos sistemas funcionais.

O princípio da variabilidade das cargas fica bem evidente e assume grande significado quando se fala da preparação racional e bem planejada das diferentes faces e componentes do preparo do atleta. Por exemplo, a construção racional do processo de aperfeiçoamento técnico implica a consideração da inter-relação complexa entre as habilidades motoras e as qualidades físicas. O aumento do condicionamento físico exige a reformulação e o aperfeiçoamentoparalelos das habilidades motoras, de modo que fiquem em conformidade com o nível mais elevado das capacidades físicas.

Como já vimos, a força é a condição básica para o aumento da velocidade de deslocamento do atleta (principalmente na fase de aceleração), no entanto a preparação de força isolada e em uma única orientação, sem o apoio paralelo de diversos exercícios de velocidade e coordenação, é capaz de causar um decréscimo na velocidade absoluta de deslocamento do atleta. Por outro lado, quando um programa de treinamento de força racional é realizado paralelamente a exercícios de velocidade e coordenação, os ganhos são superiores se comparados ao treinamento de velocidade isolado. Assim, o princípio da variabilidade das cargas também demonstra que as abordagens de periodização mais eficientes são as que resolvem as tarefas do treinamento de forma paralela, e não as que visam resolver as tarefas do treinamento sequencialmente, ou seja, em blocos.

Outro aspecto importante em relação à variabilidade das cargas é a preparação nos jogos desportivos. O fato de esse grupo de modalidades esportivas apresentar uma grande quantidade de fatores que determinam o resultado e exigir do organismo do atleta as mais diversas capacidades físicas (muitas vezes, até concorrentes) faz com que cada tarefa a ser resolvida requeira uma metodologia de treinamento diferente. Por exemplo, na preparação tática de futebolistas, podem ser executados centenas de exercícios que reproduzem as mais diversas situações táticas no jogo.

6.5.8 Princípio do processo de treinamento cíclico (ciclicidade)

A ciclicidade do processo de treinamento desportivo se manifesta na repetição sistemática de unidades estruturais desse processo – sessões de treinamento, microciclos, mesociclos, períodos, macrociclos etc. (Platonov, 2015).

Esse processo cíclico de preparação é condicionado tanto pelas leis que regem o estabelecimento da maestria esportiva (tempo necessário para o desenvolvimento da forma desportiva, tempo de cada etapa do processo de preparação plurianual etc.) quanto pelo sistema de competições, que é relativamente estável dentro dos ciclos anuais e olímpicos.

A necessidade de construção cíclica do processo de preparação e o destaque de diferentes gêneros de formações estruturais (microciclos, mesociclos, etapas, períodos, macrociclos, ciclos anuais e olímpicos) existem em virtude da relação entre carga, fadiga, recuperação, efeito cumulativo e retardado etc., itens que, de uma forma ou de outra, são as condições básicas de elevação da capacidade de trabalho do atleta.

Na construção do processo de treinamento, as posições metodológicas fundamentais do princípio da ciclicidade apresentam as seguintes exigências:

- partir da necessidade de repetição sistemática dos elementos do treinamento e, ao mesmo tempo, da alteração de seu conteúdo em conformidade com as leis que regem o processo de preparação;

- considerar qualquer elemento do processo de preparação na inter-relação da preparação com os componentes da estrutura do processo de treinamento;
- executar a escolha dos meios de treinamento, do caráter e da grandeza das cargas em conformidade com as etapas ou os períodos que se alternam, encontrando-se os meios e as cargas no lugar correspondente na estrutura dos ciclos de treinamento.

6.5.9 Princípio da unidade e inter-relação da estrutura da atividade competitiva com a estrutura de preparação

A construção racional do processo de treinamento é direcionada para a formação da estrutura da atividade competitiva otimizada, ou seja, aquela que permita a condução efetiva da luta esportiva. Isso só é possível quando existe o entendimento dos fatores determinantes para uma atividade competitiva efetiva e da inter-relação entre a estrutura da atividade competitiva e o preparo do atleta. Por isso, é necessário que o treinador identifique com clareza a relação subordinada entre os componentes da atividade competitiva e do preparo (Platonov, 2015).

Nesse contexto, o treinador deve considerar:

- a atividade competitiva como característica integral do atleta;
- os componentes fundamentais da atividade competitiva (*start*, velocidade nos diferentes trechos a serem percorridos na distância total da competição; *finish* – em modalidades cíclicas; os mais importantes elementos técnico-táticos – em jogos esportivos, lutas e modalidades de coordenação complexa);

- as qualidades que, quando integradas, são determinantes na efetividade das ações do atleta na execução dos componentes fundamentais da atividade competitiva;
- as possibilidades reais de força-velocidade e resistência especial;
- os parâmetros funcionais fundamentais e as características que determinam o nível de desenvolvimento integral das qualidades físicas (por exemplo, com relação à resistência e ao consumo máximo de oxigênio, a característica integral da potência do sistema aeróbio de produção de energia é determinada pelo percentual de fibras musculares lentas oxidativas, pelo volume do coração, pelo volume sistólico, pela rede capilar, pela atividade das enzimas aeróbias etc.).

O princípio aqui abordado permite ao treinador gerir o processo de treinamento considerando os diversos modelos existentes no esporte (modelo da atividade competitiva, das faces do preparo, funcionais etc.). Nesse contexto, é feito um diagnóstico pedagógico para determinar o estado atual e, em seguida, são elaboradas as tarefas e a metodologia do treinamento em conformidade com os resultados do diagnóstico.

6.5.10 Princípio da unidade e inter-relação do processo de treinamento e atividade competitiva com os fatores externos ao treinamento

Não é novidade que no esporte de alto rendimento as grandes realizações esportivas não são influenciadas apenas pelo treinamento desportivo, mas também (em certa medida) pelos fatores externos ao treinamento e à competição. Isso ocorre por várias razões. Em primeiro lugar, sabe-se que, a cada ano de treinamento, sobram cada vez menos reservas para o aumento da efetividade do processo de preparação com a utilização dos meios e métodos de treinamento tradicionais. Em segundo lugar, nas últimas décadas, vem se manifestando, em grande medida, uma tendência de elevação dos resultados à custa de fatores externos (aparelhos esportivos, roupas especiais, meios farmacológicos proibidos e legais de estimulação da recuperação e efetividade do treinamento, tecnologias de diagnóstico etc.).

Com a intensa comercialização e politização do esporte, observamos a aplicação e a utilização, tanto na esfera da preparação quanto na atividade competitiva, de todos os "frutos" do progresso científico nessa área. Nesse contexto, o princípio em questão implica a consideração das possibilidades de crescimento dos resultados esportivos por meio de:

- aplicação de meios e métodos de recuperação da capacidade de trabalho;
- utilização de dietas especiais que estejam em correspondência com a especificidade da modalidade esportiva e com as particularidades da preparação do atleta;
- aplicação e/ou utilização de hipóxia artificial[4] e treinamento em altitude média e alta;
- superação da quebra dos ritmos circadianos como consequência de voos longos até os locais de treinamento e competição;
- utilização de aparelhos de treinamento e roupa esportiva;
- utilização de aparelhagem e tecnologias de diagnóstico de alta precisão.

[4] Essa condição é possível com a permanência em câmaras barométricas. No caso do esporte, são construídos centros de treinamento com uma pressão atmosférica regulada em condições semelhantes à altitude entre 1.500 e 5.000 metros.

6.5.11 Princípio da unidade e inter-relação do processo de preparação com a profilaxia de traumas

A grande carga física e psicológica que se observa no esporte de alto rendimento, somada às complexas condições climáticas (calor e frio excessivo, altitude etc.), fez do esporte uma atividade de alto risco de traumas. Os traumas e doenças esportivas diminuem muito a efetividade das atividades de treinamento e competitiva; em muitos casos, acabam com a carreira de atletas muito talentosos, fazendo-os abandonar o esporte. Além disso, muitos atletas acabam adquirindo problemas sérios de saúde.

Os estudos sobre essa questão convincentemente mostram que a maior parte dos fatores de risco e os motivos de traumas e doenças no esporte encontram-se na esfera da preparação esportiva e são consequências da construção irracional do processo de treinamento, ou seja, cargas excessivas, aplicação de meios e métodos de preparação perigosos, utilização de aparelhos e ferramentas de treinamento inadequados, *doping* etc.

Nesse contexto, o processo de treinamento que é racionalmente construído, além de resolver as tarefas relacionadas com os diferentes componentes da preparação, deve exercer um trabalho contínuo na profilaxia de traumas e doenças esportivas (Platonov, 2015). Essa profilaxia é feita nas seguintes direções:

- garantia organizacional e técnico-material da atividade de treinamento e competitiva;
- construção da preparação plurianual;
- construção da preparação anual;
- escolha correta da metodologia e utilização de meios e métodos de preparação técnico-tática e psicológica;
- consideração das condições climáticas e geográficas do local de preparação e competição;

- correspondência dos meios e métodos de preparação, das cargas de treinamento e competitivas com o estado das possibilidades funcionais e particularidades individuais do atleta;
- atenção ao sistema nutricional, aos meios de recuperação e estimulação da capacidade de trabalho e à ativação das reações adaptativas;
- controle regular do fluxo de reações adaptativas imediatas, de médio e longo prazo, como resposta às cargas de treinamento e à correção do processo de treinamento.

Atualmente, muitos especialistas discutem a importância de diversas ferramentas que podem ser utilizadas na profilaxia de traumas; por exemplo, no futebol, preparadores físicos, fisiologistas e fisioterapeutas têm utilizado diferentes formas de avaliação funcional do movimento, analisando o risco de lesões por meio das divergências encontradas entre os músculos responsáveis pelos movimentos naturais do ser humano, assim como déficits de coordenação e flexibilidade.

Com certeza, tais ferramentas são muito úteis e só vêm a contribuir para a qualidade do processo de treinamento. Frisamos, contudo, que essas técnicas são utilizadas para diagnosticar aqueles problemas encontrados em atletas que não passaram por um processo de treinamento bem orientado e racional e, por isso, não obtiveram ao longo dos anos um desenvolvimento harmônico e multifacetado do organismo. Na grande maioria dos casos, esses atletas passaram por preparação forçada e especialização precoce, sendo absolutamente normal na prática do futebol profissional haver atletas acostumados a fazer saltos reativos, exercícios diversos de força especial com tração, entre outros métodos de preparação de força especial, mas que não conseguem sequer executar um agachamento correto com valores de carga mecânica pífios. Logo, é muito fácil diagnosticar os problemas nesses atletas. O treinador deve, portanto, dar mais atenção ao processo de treinamento racional para evitar que esses problemas ocorram, em vez de passar a maior parte do tempo buscando soluções para tentar remediá-los. Aqui fica evidente que, tanto nas categorias de base quanto no futebol profissional, a importância da preparação geral multifacetada é completamente subestimada e ignorada.

Síntese

Neste capítulo, destacamos que a prescrição do treinamento de atletas só é racional quando o treinador responsável por ela compreende bem todos os componentes da atividade competitiva da modalidade desportiva da qual o atleta ou a equipe participa. O profissional responsável pela prescrição precisa entender que a prescrição do treinamento deve estar em conformidade com o período (ou etapa) designado pela periodização, por isso é muito importante que, antes da orientação ou aplicação de uma sessão de treinamento com exercícios, seja feita primeiramente a elaboração da periodização. Além disso, vimos que outro ponto indispensável para a prescrição do treinamento é que o treinador compreenda aonde esse treinamento deve levar o atleta, ou seja, como gerir o processo de treinamento. Levando-se isso em consideração, algumas operações são indispensáveis, tais como a modelagem (que ajuda a compreender o que é necessário para atingir determinado resultado); o diagnóstico pedagógico (conjunto de testes e análise de dados de ciclos anteriores para entender em que nível de preparo o atleta se encontra e identificar as discrepâncias em relação ao modelo); e o estabelecimento de metas (definição da direção que o treinamento deve assumir tendo em vista as outras duas operações e, com base nisso nisso, construção de uma periodização).

Atividades de autoavaliação

1. Com relação à estrutura da atividade competitiva, analise as seguintes afirmativas:
   I. A estrutura da atividade competitiva é um conjunto de ações do atleta no decorrer da competição, unidas pelo objetivo competitivo e pela lógica (sequência natural) de realização dessas ações.
   II. A estrutura da atividade competitiva é composta pela simples participação do atleta nas competições, visto que a competição é o núcleo do esporte.
   III. A estrutura da atividade competitiva tem os mesmos componentes em diferentes modalidades esportivas.
   IV. A atividade competitiva nos jogos desportivos é composta por ações de ataque, defesa e transição.
   V. A atividade competitiva é o conjunto de características morfofuncionais de um atleta que compete.

   Estão corretas as afirmativas:
   a) I e II.
   b) I e III.
   c) I e IV.
   d) I, II e IV.
   e) II e V.

2. Com relação aos meios de treinamento desportivo, assinale V (verdadeiro) ou F (falso):
   ( ) O exercício físico é o meio de treinamento desportivo.
   ( ) Os meios de treinamento podem ser divididos em exercícios gerais, semiespeciais, especiais e competitivos.
   ( ) O meio intervalado é ótimo para o treinamento das capacidades físicas, principalmente para o aumento do limiar anaeróbio.

( ) O meio é como se aplica o exercício.
( ) Os meios de treinamento podem ser divididos em verbais e demonstrativos.

A sequência correta é:

a) F, F, V, V, V.
b) V, V, F, V, V.
c) V, F, V, F, F.
d) F, V, V, F, F.
e) V, V, V, F, F.

3. Com relação às estruturas do processo de treinamento, assinale V (verdadeiro) ou F (falso):

( ) A periodização do treinamento é composta de três estruturas básicas: macro, meso e micro.
( ) O objetivo da periodização do treinamento é o aumento contínuo do preparo do atleta entre os macrociclos e o estabelecimento da forma desportiva.
( ) Os macrociclos podem ser: de treinamento propriamente dito, modeladores, competitivos e recuperativos.
( ) Os mesociclos geralmente têm dinâmica ondulatória e são caracterizados por duas fases: cumulativa e recuperativa.
( ) Os microciclos consideram o calendário e apresentam duração aproximada de um mês.

A sequência correta é:

a) F, V, V, V, F.
b) V, V, V, F, F.
c) V, V, F, V, F.
d) F, F, V, V, F.
e) V, V, V, V, F.

4. Com relação aos modelos utilizados no esporte, analise as seguintes afirmativas:

    I. A utilização de modelos permite determinar a orientação geral do aperfeiçoamento esportivo em determinada modalidade esportiva.
    II. O modelo da atividade competitiva reflete particularidades de diferentes sistemas do organismo.
    III. O modelo das faces do preparo descreve cada ação técnica que compõe a modalidade esportiva.
    IV. Nos esportes cíclicos, o modelo da atividade competitiva analisa a efetividade, a densidade e a quantidade de ações.
    V. O modelo morfofuncional do atleta indica diretamente o nível do preparo físico.

    Agora, assinale a alternativa que indica as afirmativas corretas:

    a) Apenas I.
    b) Apenas II.
    c) IV e V.
    d) I, IV e V.
    e) II e III.

5. Assinale a alternativa que corresponde ao princípio referente à ideia de evitar problemas como a desadaptação:

    a) Princípio da unidade de preparação geral e especial.
    b) Princípio da ciclicidade.
    c) Princípio das cargas progressivas.
    d) Princípio da ondulação das cargas.
    e) Princípio da continuidade.

Atividades de aprendizagem

Questões para reflexão

1. Em geral, a grande maioria dos atletas treina todas as capacidades físicas. No entanto, compreender a relação ótima entre essas capacidades em diferentes modalidades não é uma tarefa fácil. Nesse contexto, indique como o entendimento dos modelos no esporte pode ser útil.

2. Ao longo deste capítulo, focalizamos as seguintes operações: modelagem, diagnóstico pedagógico e estabelecimento de metas. Em seu entendimento, qual é a importância dessas operações na atividade do treinador no momento de se elaborar uma periodização?

Atividade aplicada: prática

1. Imagine que você está no comando de uma equipe adulta de voleibol. Nessa equipe, os atletas treinam entre 16 e 25 horas semanais, utilizando quase que 100% do tempo com programas de treinamento compostos por exercícios de preparação especial. Ao avaliar a equipe, você percebe claramente um platô (ou seja, mesmo treinando, a equipe não consegue mais evoluir, houve a estabilização do desempenho) no desenvolvimento das capacidades físicas e técnico-táticas. Além disso, a equipe apresenta elevado índice de lesões. Considerando o princípio da unidade de preparação geral e especial, como você explicaria essa situação e como faria uma intervenção?

Considerações finais

A prescrição de exercícios físicos é uma tarefa muito complexa e de inteira responsabilidade do profissional de educação física. Como foi visto ao longo desta obra, para prescrever exercícios racionalmente, é necessário seguir uma série de etapas. O primeiro passo objetivo para a prescrição, sem sombra de dúvida, é a avaliação física, porém, antes de avaliar, é preciso saber quais testes utilizar para que as medidas adquiridas tenham relevância. Dessa forma, é fundamental conhecer, ou pelo menos refletir a respeito, a população (grupos etários, sexo, atletas, não atletas, grupos especiais etc.) à qual o aluno pertence.

Ao conhecer a população e estabelecer o conjunto de testes utilizados, o profissional de educação física pode fazer uma avaliação mais específica e objetiva, a fim de identificar as reais necessidades do organismo do indivíduo avaliado. Com o resultado da avaliação em mãos e tendo em vista os objetivos do profissional em relação ao aluno e do próprio aluno em relação a si mesmo, ganha destaque a seleção dos meios e métodos que constituirão o programa treinamento do aluno. Como explicamos, o meio nada mais é do que o exercício usado para resolver uma tarefa de treinamento, e o método, por sua vez, é como esse meio é aplicado. A compreensão da influência dos meios e dos métodos sobre o organismo só ocorre mediante o domínio de conhecimentos de natureza biológica.

As áreas do ramo biológico (fisiologia, bioquímica, biologia molecular) possibilitam entender tanto as particularidades de funcionamento do organismo de diferentes populações quanto o modo como o exercício pode agir sobre o organismo. Utilizando como exemplo a população composta por pessoas com síndrome metabólica, podemos considerar que o exercício deve ter um direcionamento voltado não necessariamente para o desempenho máximo das capacidades físicas ou habilidades motoras, mas para a normalização do estado fisiológico, com a diminuição da inflamação crônica de baixa intensidade e a regularização do percentual de gordura e da pressão arterial. Desse modo, os exercícios indicados para um indivíduo do referido grupo seriam bastante distintos dos exercícios ou programas de treinamento usados por adolescentes, adultos jovens e, principalmente, atletas.

Outro fator de extrema relevância na prescrição de exercícios físicos é o controle. É evidente que ele se efetiva com as reavaliações, importantes para qualquer população ou programa de treinamento. Contudo, o controle adquire ainda mais destaque no treinamento de crianças e adolescentes, assim como no dos atletas nos esportes, com o intuito de acompanhar o desenvolvimento e corrigir os programas de acordo com os objetivos definidos.

Por fim, leitor, destacamos a importância de você procurar aprofundar os temas apresentados em cada capítulo desta obra, uma vez que ela teve por objetivo abordar a prescrição do exercício físico de forma mais geral e sintética, ressaltando pontos fundamentais e discutindo exemplos teóricos e práticos das particularidades dos programas de treinamento prescritos para variados grupos.

Referências

AKHMETOV, Y. Y. **Biologia molecular do esporte**. Moscou: Sovietsky Sport, 2009.

ALBERTS, B. et al. **Biologia molecular da célula**. Porto Alegre: Artmed, 2010.

AMERICAN DIABETES ASSOCIATION. Physical Activity/Exercise and Diabetes. **Diabetes Care**, v. 27, p. 58-62, Jan. 2004.

ARBEX, M. A. et al. A poluição do ar e o sistema respiratório. **Jornal Brasileiro de Pneumologia**, v. 38, n. 5, p. 643-655, 2012.

BANGSBO, J. **Fitness Training in Football**: a Scientific Approach. August Krogh Institute, University of Copenhagen, 1994.

BARTONIETZ, K. Lançamento de dardo: uma abordagem ao desenvolvimento do desempenho. In: ZATSIORSKY, V. M. **Biomecânica no esporte**: performance do desempenho e prevenção de lesão. Rio de Janeiro: Guanabara Koogan, 2004. p. 314-339.

BEILBY, J. Definition of Metabolic Syndrome: Report of the National Heart, Lung, and Blood Institute/American Heart Association Conference on Scientific Issues Related to Definition. **The Clinical Biochemist Reviews**, v. 25, p. 195-198, Aug. 2004.

BILLETER, R.; HOPPELER, H. Bases musculares da força. In: KOMI, P. V. **Força e potência no esporte**. 2. ed. Porto Alegre: Artmed, 2006. p. 65-87.

BLOOMFIELD, A. S.; SMITH, S. S. Osteoporosis. In: DURSTINE, J. L. et al. (Ed.). **ACSM's Exercise Management for Persons with Chronic Diseases and Disabilities**. Champaign: Human Kinetics, 2003. p. 222-229.

BOLOBAN, V. et al. Treinamento coordenativo com utilização de exercícios de saltos no trampolim acrobático. **Nauka v Olimpijskom Sporte**, n. 4, p. 85-94, 2016.

BOMPA, T. O.; HAFF, G. G. **Periodização**: teoria e metodologia do treinamento. São Paulo: Phorte, 2012.

BOSCO, C. **A força muscular**: aspectos fisiológicos e aplicações práticas. São Paulo: Phorte, 2007.

BOUCHARD, C. et al. Exercise, Fitness, and Health: the Consensus Statement. In: BOUCHARD, C. et al. (Org.). **Exercise, Fitness, and Health**: a Consensus of Current Knowledge. Champaign: Human Kinetics, 1990. p. 3-28.

BRANDT, C.; PEDERSEN, B. K. The Role of Exercise-Induced Myokines in Muscle Homeostasis and Defense against Chronic Disease. **Journal of Biomedicine and Biotechnology**, Mar. 2010.

BRASIL. Ministério da Saúde. Brasileiros atingem maior índice de obesidade nos últimos treze anos. **Agência Saúde**, 25 jul. 2019a. Disponível em: <https://saude.gov.br/noticias/agencia-saude/45612-brasileiros-atingem-maior-indice-de-obesidade-nos-ultimos-treze-anos>. Acesso em: 16 jun. 2020.

BRASIL. Ministério da Saúde. Secretaria de Vigilância em Saúde. Departamento de Análise em Saúde e Vigilância de Doenças não Transmissíveis. **Vigitel Brasil 2018**: vigilância de fatores de risco e proteção para doenças crônicas por inquérito telefônico – estimativas sobre frequência e distribuição sociodemográfica de fatores de risco e proteção para doenças crônicas nas capitais dos 26 estados brasileiros e no Distrito Federal em 2018. Brasília: Ministério da Saúde, 2019b.

BRESLAV, I. S.; VOLKOV, N. I.; TAMBOVTSEVA, R. V. **Respiração e atividade muscular do ser humano no esporte**. Moscou: Sovietsky Sport, 2013.

BUCHHEIT, M.; LAURSEN, P. B. High-intensity Interval Training, Solutions to the Programming Puzzle: Part I: Cardiopulmonary Emphasis. **Sports Medicine**, v. 43, n. 5, p. 313-338, May 2013.

CARNETHON, M. R. et al. Joint Associations of Physical Activity and Aerobic Fitness on the Development of Incident Hypertension: Coronary Artery Disease Risk Development in Young Adults. **Hypertension**, v. 56, p. 49-55, 2010.

CARTER, R.; COAST, J. R.; IDELL, S. Exercise Training in Patients with Chronic Obstructive Pulmonar Disease. **Medicine & Science in Sports & Exercise**, v. 24, n. 3, p. 281-291, 1992.

CASUSO, R. A. et al. High-Intensity High-Volume Swimming Induces More Robust Signaling through PGC-1α and AMPK Activation than Sprint Interval Swimming in M. Triceps Brachii. **PLoS One**, v. 12, n. 10, 2017.

CHESNAKOV, N. N.; NIKITUSHKIN, V. G. **Atletismo**. Moscou: Fizicheskaya Kultura, 2010.

CHIRVA, B. G. **Futebol**: concepção da preparação técnica e tática dos jogadores. 2. ed. Moscou: TVT Division, 2015.

CHOBANIAN, A. V. et al. Seventh Report of the Joint National Committee on Prevention, Detection, Evaluation, and Treatment of High Blood Pressure. **Hypertension**, v. 42, p. 1203-1252, 2003.

CLAPP, J. F.; CAPELESS, E. The $VO_{2\,max}$ of Recreational Athletes before and after Pregnancy. **Medicine & Science in Sports & Exercise**, v. 23, n. 10, p. 1128-1133, Oct. 1991.

COLBERG, S. R. et al. Exercise and Type 2 Diabetes: American College of Sports Medicine and the American Diabetes Association – Joint Position Statement. Exercise and Type 2 Diabetes. **Medicine & Science in Sports & Exercise**, v. 42, n. 12, p. 2282-2303, 2010.

COI – Comitê Olímpico Internacional. **Carta Olímpica**. 8 jul. 2011. Disponível em: <https://www.fadu.pt/files/protocolos-contratos/PNED_publica_CartaOlimpica.pdf>. Acesso em: 16 jun. 2020.

COOPER, C. B.; STORER, T. W. Exercise Prescription in Patients with Pulmonar Disease. In: EHRMAN, J. K. (Ed.). **ACSM's Resource Manual for Guidelines for Exercise Testing and Prescription**. Baltimore: Lippincott Williams & Wilkins, 2010. p. 575-599.

DAMM, P.; BREITOWICZ, B.; HEGAARD, H. Exercise, Pregnancy and Insulin Sensitivity – What is New? **Applied Physiology, Nutrition, and Metabolism = Physiologie Appliquee, Nutrition et Metabolisme**, v. 32, p. 537-540, 2007.

DIAS, S. B. C. D. et al. **Futebol**: tópicos especiais da preparação do atleta. Curitiba: Juruá, 2016.

DIAS, S. B. C. D.; SELUIANOV, V. N.; LOPES, L. A. S. **Isoton**: uma nova teoria e metodologia para o fitness. Curitiba: Juruá, 2017.

EDGETT, B. A. et al. The Effect of Acute and Chronic Sprint-Interval Training on LRP130, SIRT3, and PGC-1α Expression in Human Skeletal Muscle. **Physiological Reports**, v. 4, n. 17, Sept. 2016.

EKBLOM, B. **Football (Soccer)**. Oxford: Blackwell Scientific, 1994.

ELICEEV, S. V.; KULIK, N. G.; SELUIANOV, V. N. **Preparação física de lutadores de sambo com a consideração das leis biológicas do organismo**. Moscou: Anta Press, 2014.

ENOKA, R. M. **Fundamentos de cinesiologia**. Kiev: Olimpiskaya Literatura, 2000.

ESPOSITO, K. et al. Effect of a Mediterranean-Style Diet on Endotelial Dysfunction and Markers of Vascular Inflammation in the Metabolic Syndrome. **Jama**, v. 292, n. 12, p. 1440-1446, 2004.

ESPOSITO, K. et al. Long-Term Effect of Mediterranean-Style Diet and Calorie Restriction on Biomarkers of Longevity and Oxidative Stress in Overweight Men. **Cardiology Research and Practice**, 2011. Disponível em: <http://downloads.hindawi.com/journals/crp/2011/293916.pdf>. Acesso em: 16 jun. 2020.

FEDOTOVA, E. V. **Fundamentos da gestão da preparação plurianual de jovens atletas nos jogos desportivos**. Moscou: Sputnik+, 2001.

FILIN, V. P.; VOLKOV, V. M. **Seleção de talentos nos desportos**. Londrina: Midiograf, 1998.

FISKALOV, V. D. **Esporte e sistema de preparação**. Moscou: Sovietsky Sport, 2010.

FLECK, S. J. Respostas cardiovasculares ao treinamento de força. In: KOMI, P. V. **Força e potência no esporte**. 2. ed. Porto Alegre: Artmed, 2006. p. 402-424.

FOSS, M. L.; KETEYIAN, S. J. **Bases fisiológicas do exercício e do esporte**. Rio de Janeiro: Guanabara Koogan, 2000.

FREIRE, R. S. et al. Prática regular de atividade física: estudo de base populacional no norte de Minas Gerais, Brasil. **Revista Brasileira de Medicina do Esporte**, v. 20, n. 5, set./out. 2014.

GALLAHUE, D. L.; OZMUN, J. C. **Compreendendo o desenvolvimento motor**: bebês, crianças, adolescentes e adultos. 3. ed. São Paulo: Phorte, 2005.

GELETSKY, V. M. **Teoria da cultura física e do esporte**. Krasnoyarsky: IPK SFU, 2008.

GIBALA, M. J. et al. Physiological Adaptations to Low-Volume, High-Intensity Interval Training in Health and Disease. **Journal of Physiology**, v. 590, n. 5, p. 1077-1084, Mar. 2012.

GODIK, M. A.; SKORODUMOVA, A. P. **Controle complexo nos jogos desportivos**. Moscou: Sovietsky Sport, 2010.

GOLDSPINK, G.; HARRIDGE, S. Aspectos celulares e moleculares da adaptação do músculo esquelético. In: KOMI, P. **Força e potência no esporte**. 2. ed. Porto alegre: Artmed, 2006. p. 247-267.

GOMES A. C. **Treinamento desportivo**: estruturação e periodização. Porto Alegre: Artmed, 2009.

GÓMEZ-GUERRERO, C.; MALLAVIA, B.; EGIDO, J. Targeting Inflammation in Cardiovascular Diseases: Still a Neglected Field? **Cardiovascular Therapeutics**, v. 30, n. 4, p. e189-e197, 2011.

GORDON, N. F. Hypertension. In: DURSTINE, J. L. et al. (Ed.). **ACSM's Exercise Management for Persons with Chronic Diseases and Disabilities**. Champaign: Human Kinetics, 2009. p. 107-113.

GRGIC, J. et al. Health Outcomes Associated with Reallocations of Time between Sleep, Sedentary Behaviour, and Physical Activity: a Systematic Scoping Review of Isotemporal Substitution Studies. **International Journal of Behavioral Nutrition and Physical Activity**, v. 15, n. 1, 2018.

GUALANO, B.; TINUCCI, T. Sedentarismo, exercício físico e doenças crônicas. **Revista Brasileira de Educação Física e Esporte**, v. 25, p. 37-43, 2011.

GUEDES, D. P. Atividade física, aptidão física e saúde. In: CARVALHO, T.; GUEDES, D. P.; SILVA, J. G. (Org.). **Orientações básicas sobre atividade física e saúde para profissionais das áreas de educação e saúde**. Brasília: Ministério da Saúde; Ministério da Educação e do Desporto, 1996. p. 51-55.

GUEDES, D. P. Implicações associadas ao acompanhamento do desempenho motor de crianças e adolescentes. **Revista Brasileira de Educação Física e Esporte**, São Paulo, v. 21, p. 37-60, dez. 2007.

GUEDES, D. P. **Manual prático para avaliação em educação física**. Barueri: Manole, 2006.

GUSTAFSON, B. Adipose Tissue, Inflamation and Atherosclerosis. **Journal of Atherosclerosis and Thrombosis**, v. 17, p. 332-341, 2010.

HOOPER, L. et al. Effects of Total Fat Intake on Body Weight. **The Cochrane Database of Systematic Reviews**, v. 8, Aug. 2015.

HOPPELER, H.; KLOSSNER, S.; FLUCK, M. Gene Expression in Working Skeletal Muscle. **Advances in Experimental Medicine and Biology**, v. 618, p. 245-254, 2007.

INOUE, A, et al. Effects of Sprint versus High-Intensity Aerobic Interval Training on Cross-Country Mountain Biking Performance: a Randomized Controlled Trial. **PLoS One**, v. 11, n. 1, Jan. 2016.

JACKSON, A. S. et al. Role of Lifestyle and Aging on the Longitudinal Change in Cardiorespiratory Fitness. **Archives of Internal Medicine**, v. 169, n. 19, p. 1781-1787, Oct. 2009.

JUNQUEIRA, L. C. U.; CARNEIRO, J. **Biologia celular e molecular**. 9. ed. Rio de Janeiro: Guanabara Koogan, 2018.

JUNQUEIRA, L. C. U.; CARNEIRO, J. **Histologia básica**. 13. ed. Rio de Janeiro: Guanabara Koogan, 2017.

KASCH, F. W. et al. The Effect of Physical Activity and Inactivity on Aerobic Power on Older Men (a Longitudinal Study). **The Physician and Sportsmedicine**, v. 18, p. 73-83, 1990.

KHOLODOV, J. K.; KUZNETSOV, V. S. **Teoria e metodologia da educação física e esporte**. Moscou: Academa, 2003.

KHOLODOVA, O.; KOZLOVA, E. Modelagem das variantes táticas da corrida de atletas de alta qualificação especializados em short-track nas distâncias de 500, 1.000 e 1.500 metros. **Nauka v Olimpijskom Sporte**, n. 1, p. 11-16, 2016.

KIMATA, C.; WILLCOX, B.; RODRIGUEZ, B. Effects of Walking on Coronary Heart Disease in Elderly Men with Diabetes. **Geriatrics**, v. 3, n. 2, 2018.

KIRKENDALL, D. R.; GRUBER, J. J.; JOHNSON, R. E. **Measurement and Evaluation for Physical Education**. Dubuque: Brown Company, 1980.

KOZLOVA, E.; KLIMASHEVSKY, A. Equilíbrio dinâmico como fator de elevação da efetividade das ações motoras no esporte. **Nauka v Olimpijskom Sporte**, n. 3, 2017. p. 29-39.

KRAEMER, W. J. **Sistema endócrino, esporte e atividade motora**. Kiev: Olimpiskaya Literatura, 2008.

KRAEMER, W. J.; RATAMES, N. Respostas endócrinas e adaptações ao treinamento de força. In: KOMI, P. V. **Força e potência no esporte**. 2. ed. Porto Alegre: Artmed, 2006. p. 376-401.

LEITE, P. F. **Aptidão física esportes e saúde**: prevenção e reabilitação de doenças cardivasculares, metabólicas e psicossomáticas. Belo Horizonte: Santa Edwiges, 1985.

LIBBY, P. et al. Inflammation in Atherosclerosis: Transition from Theory to Practice. **Circulation Journal**, v. 74, p. 213-220, 2010.

MACINNIS, M. J.; GIBALA, M. J. Physiological Adaptations to Interval Training and the Role of Exercise Intensity. **Journal of Physiology**, v. 595, n. 9, p. 2915-2930, May 2017.

MAKCIMENKO, A. M. **Teoria e metodologia da cultura física**: manual para faculdades de cultura física. Moscou: Fizicheskaya Kultura, 2009.

MATHUR, N.; PEDERSEN, B. K. Exercise as a Mean to Control Low-Grade Systemic Inflammation. **Mediators of Inflammation**, p. 1-6, 2008.

MATVEEV, L. P. **Fundamentos do treinamento desportivo**. Moscou: Fizkultura e Esporte, 1977.

MATVEEV, L. P. **O problema da periodização do treinamento desportivo**. Moscou: FIS, 1964.

MATVEEV, L. P. Teoria da construção do treinamento desportivo. **Teoria i Praktika Fizicheskoi Kulturi**, n. 12, p. 11-20, 1991.

MATVEEV, L. P. **Teoria e metodologia da cultura física**. Moscou: Fizkultura i Sport/SportAkademPress, 2008.

MATVEEV, L. P. **Teoria geral do esporte e seus aspectos aplicáveis**. Moscou: Sovietsky Sport, 2010.

MERSON, F. Z.; PSHNIKOVA, M. G. **Adaptação às situações estressantes e cargas físicas**. Moscou: Medtsina, 1988.

MICKLEBOROUGH, T. D. A Nutritional Approach to Managing Exercise-Induced Asthma. **Exercise and Sport Sciences Reviews**, v. 36, p. 135-144, 2008.

MOOREN, F. C.; VÖLKER, K. **Fisiologia do exercício molecular e celular**. Rio de Janeiro: Santos, 2012.

MYAKINCHENKO, E. B.; SELUIANOV, V. N. **Desenvolvimento da resistência muscular local nos esportes cíclicos**. Moscou: TVT Divizion, 2009.

MYERS, T. W. **Trilhos anatômicos**: meridianos miofasciais para terapeutas manuais e do movimento. 3. ed. Barueri: Manole, 2016.

NAHAS, M. V.; CORBIN, C. B. Aptidão física e saúde nos programas de educação física: desenvolvimentos recentes e tendências internacionais. **Revista Brasileira de Ciência e Movimento**, v. 6, n. 2, p. 47-58, 1992.

NATIONAL HEART BLOOD AND LUNG INSTITUTE. Third Report of the National Cholesterol Education Program (NCEP) Expert Panel on Detection, Evaluation, and Treament of High Blood Cholesterol in Adults (Adult Treatment Panel III) Executive Summary. **JAMA**, v. 285, p. 2486-2497, 2001.

NELSON, M. E. et al. Physical Activity and Public Health in Older Adults: Recommendations from American College of Sports Medicine and the American Heart Association. **Medicine & Science in Sports & Exercise**, v. 39, p. 1435-1445, 2007.

NEVERKOVICH, S. D. **Pedagogia da cultura física e esporte**. Moscou: Fizicheskaya Kultura, 2006.

NIKULIN, B. A.; RODIONOVA, I. **Controle bioquímico no esporte**. Moscou: Sovietsky Sport, 2011.

NORTON, K.; OLDS, T. (Ed.). **Antropometrica**. Argentina: Biosystem, 2000.

OLESHKO, V.; IVANOV, A.; PRIIMAK, S. Aperfeiçoamento da preparação técnica de levantadores de peso qualificados por meio da variação do peso dos implementos. **Nauka v Olimpijskom Sporte**, n. 2, p. 57-62, 2016.

PECHER, S. A. Asma brônquica no idoso. **Revista Paranaense de Medicina**, v. 21, n. 3, p. 47-51, 2007.

PEDERSEN, B. K.; EDWARD, F. Adolph Distinguished Lecture: Muscle as an Endocrine Organ: IL~6 and Other Myokines. **Journal of Applied Physiology**, v. 107, p. 1006-1014, 2009.

PEREIRA, B.; SOUZA JUNIOR, T. P. de. **Metabolismo celular e exercício físico**: aspectos bioquímicos e nutricionais. São Paulo, Phorte Editora, 2014.

PENO-GREEN, L. A.; COOPER, C. B. Treatment and Rehabilitation of Pulmonar Diseases. In: EHRMAN, J. K. (Ed.). **ACSM's Resource Manual for Guidelines for Exercise Testing and Prescription**. Baltimore: Lippincott Williams & Wilkins, 2006. p. 452-469.

PETERSON, M. D. et al. Resistance Exercise for Muscular Strength in Older Adults: a Meta Analysis. **Ageing Research Reviews**, v. 9, p. 226-237, 2010.

PETIT, M. A.; HUGHES, J. M.; WARPEHA, J. M. Exercise Prescription for People with Osteoporosis. In: EHRMAN, J. K. (Ed.). **ACSM's Resource Manual for Guidelines for Exercise Testing and Prescription**. Baltimore: Lippincott Williams & Wilkins, 2010. p. 635-650.

PIVETTI, B. M. F. **Periodização tática**. São Paulo: Phorte, 2012.

PLATONOV, V. N. **Esporte de alto rendimento e preparação das equipes nacionais para os jogos olímpicos**. Moscou: Sovietsky Sport, 2010.

PLATONOV, V. N. **Periodização do treinamento desportivo**: teoria geral e sua aplicação prática. Kiev: Olimpiskaya Literatura, 2013.

PLATONOV, V. N. **Sistema de preparação de atletas no esporte olímpico**: teoria geral e suas aplicações práticas. Kiev: Olimpiskaya Literatura, 2015. 2 v.

PLATONOV, V. N. **Sistema de preparação de atletas no esporte olímpico**: teoria geral e suas aplicações práticas Moscou: Olimpiskaya Literatura, 2004.

PLATONOV, V. N. **Teoria geral de preparação de atletas no esporte olímpico**. Moscou: Olimpiskaya literatura, 1997.

POLEVA, N. V.; ZAGREVSKY, O. I.; PODVERBNAYA, N. I. Características modeladas do preparo físico de judocas de diferentes qualificações esportivas. **Tomsk State University Journal**, n. 355, p. 136-139, 2012.

POPOV, G. I.; SAMSONOVA, A. V. **Biomecânica da atividade motora**. Moscou: Izdatelsky Tsentr Akademia, 2011.

POWERS, S. K.; HOWLEY, E. T. **Fisiologia do exercício**: teoria e aplicação ao condicionamento e ao desempenho. 8. ed. Barueri: Manole, 2014.

PRADO, W. L. et al. Obesidade e adipocinas inflamatórias: implicações práticas para a prescrição de exercício. **Revista Brasileira de Medicina do Esporte**, v. 15, n. 5, set./out. 2009.

PRIBERAM. Disponível em: <https://dicionario.priberam.org/>. Acesso em: 16 jun. 2020.

RATOV, I. P. et al. **Tecnologias biomecânicas de preparação do atleta**. Moscou: Fizikultura i Sport, 2007.

RAVAGNANI, C. F. C. et al. Estimativa do equivalente metabólico (MET) de um protocolo de exercícios físicos baseada na calorimetria indireta. **Revista Brasileira de Medicina e Esporte**, v. 19, n. 2, p. 134-138, mar./abr. 2013.

RIBEIRO, A. S. et al. Teste de coordenação corporal para crianças (KTK): aplicações e estudos normativos. **Motricidade**, v. 8, n. 3, p. 40-51, 2012. Disponível em: <http://www.scielo.mec.pt/pdf/mot/v8n3/v8n3a05.pdf>. Acesso em: 16 jun. 2020.

RICHARD, K. Modulação das ações da insulina no musculo esquelético nas condições de cargas físicas. In: KRAEMER, J. **Sistema endócrino, esporte e atividade motora**. Kiev: Olimpiskaya Literatura, 2008. p. 380-397.

RIZVI, A. A. Hypertension, Obesity, and Inflammation: the Complex Designs of the Deadly Trio. **Metabolic Syndrome and Related Disorders**, v. 8, p. 287-294, 2010.

RODRIGUES, G. M. A avaliação na educação física escolar: caminhos e contextos. **REMEFE – Revista Mackenzie de Educação Física e Esporte**, v. 2, n. 2, 2009.

RUBIN, V. S. **Ciclo anual e olímpico de treinamento.** Moscou: Sovietsky Sport, 2009.

RUSSA Anna Chicherova de ouro no salto em altura. 11 ago. 2012. Disponível em: <https://www.publico.pt/2012/08/11/desporto/noticia/russa-anna-chicherova-de-ouro-no-salto-em-altura-1558715>. Acesso em: 16 jun. 2020.

RUSSA campeã olímpica de salto em altura está fora do Campeonato Europeu. **O Globo**, 28 jul. 2014. Disponível em: <https://oglobo.globo.com/esportes/russa-campea-olimpica-de-salto-em-altura-esta-fora-do-campeonato-europeu-13404835>. Acesso em: 16 jun. 2020.

SAFRIT, M. J. **Evaluation in Physical Education**. New Jersey: Prentice-Hall, 1981.

SAKHAROVA, M. V. **Fundamentos da preparação do rúgbi infantil e juvenil**. Moscou: Sportna, 2005a.

SAKHAROVA, M. V. Projeção do sistema de preparação de atletas (equipes) nos jogos desportivos. **Teoria i Praktika Fizicheskoi Kulturi**, n. 5, p. 35-38, 2004.

SAKHAROVA, M. V. Projeção dos macrociclos de jovens atletas nos jogos desportivos no estágio de preparação básica: condições, variantes e forma. **Fizicheskaya Kultura: Vospitanie, Obrozovanie, Trenirovika**, Moscou, n. 1, p. 28-32, 2005b.

SAKS, V. A.; BOBKOV, Y. G.; STRUMIA, E. (Ed.). **Creatine Phosphate**: Biochemistry, Pharmacology and Clinical Efficiency. Torino: Edizioni Minerva Medica, 1987.

SARAF, M. Y. Esporte na cultura do século XX. **Teoria i Praktika Fizicheskoi Kulturi**, n. 7, p. 5-12, 1997.

SAVIN, V. P. **Teoria e metodologia do hóquei**. Moscou: Izdatelsky Tsentr Akademia, 2003.

SCRIBBANS, T. D. et al. Fibre-Specific Responses to Endurance and Low Volume High Intensity Interval Training: Striking Similarities in Acute and Chronic Adaptation. **PLoS One**, v. 9, n. 6, June 2014.

SELUIANOV, V. N. **Tecnologia de saúde e bem-estar na cultura física**. Moscou: Sport Akadem Press, 2001.

SELUIANOV, V. N.; SARSANIA, K. C.; ZABOROVA, V. A. **Futebol**: problemas da preparação física e técnica. Moscou: Intelektik, 2012.

SHEPARD, R. J. **Envelhecimento, atividade física e saúde**. São Paulo: Phorte, 2003.

SILVA, E. C. F. Asma brônquica. **Revista Hospital Universitário Pedro Ernesto**, v. 7, n. 2, p. 33-57, 2008.

SKINNER, J. S. Hypertension. In: SKINNER, J. S. (Ed.). **Exercise Testing and Exercise Precription for Special Cases**. Baltimore: Lippincott Williams & Wilkins, 2005. p. 305-312.

SOPOV, V. P. **Teoria e metodologia da preparação psicológica no esporte moderno**. Moscou: [s.n.], 2010.

STOLIAROV, V. I.; PEREDELISKY, A. A.; BASHAIEVA, M. M. **Problemas modernos das ciências sobre a cultura física e esporte**: filosofia do esporte – manual. Moscou: Sovietsky Sport, 2015.

STUTZMAN, S. S. et al. The Effects of Exercise Conditioning in Normal and Overweight Pregnant Women on Blood Pressure and Heart Rate Variability. **Biological Research For Nursing**, v. 12, n. 2, p. 137-148, 2010.

SUSLOV, F. P.; CYCHA, V. L.; SHUTINA, B. N. **Sistema moderno de treinamento desportivo**. Moscou. CAAM Moskva, 1995.

TEOLDO, I.; GUILHERME, J.; GARGANTA, J. **Para um futebol jogado com ideias**: concepção, treinamento e avaliação do desempenho tático de jogadores e equipes. Curitiba: Appris, 2015.

UNESCO – Organização das Nações Unidas para a Educação, a Ciência e a Cultura. **Carta Internacional da Educação Física e do Esporte da UNESCO**. 21 nov. 1978. Disponível em: <https://unesdoc.unesco.org/ark:/48223/pf0000216489_por>. Acesso em: 16 jun. 2020.

VAN DE VOORDE, J. et al. Adipocytokines in Relation to Cardiovascular Disease. **Metabolism**, v. 62, n. 11, p. 1513-1521, 2013.

VERITY, L. S. Exercise Prescription in Patients with Diabetes. In: EHRMAN, J. K. (Ed.). **ACSM's Resource Manual for Guidelines for Exercise Testing and Prescription**. Baltimore: Lippincott Williams & Wilkins, 2010. p. 600-616.

VERKHOSHANSKI, Y. V. **Treinamento desportivo**: teoria e metodologia. Porto Alegre: Artmed, 2001.

VERKHOSHANSKY, Y. V.; VERKHOSHANSKY, N. **Special Strength Training Manual for Coaches**. Rome: Verkhoshansky SSTM, 2011.

VERKHOSHANSKY, Y. V. **Fundamentos da preparação de força especial no esporte**. 3. ed. Moscou: Sovietsky Sport, 2013.

VINOGRADOV, P. A.; OKUNKOV, Y. V. **Cultura física e esporte do praticante**. Moscou: Sovietsky Sport, 2015.

VIRU, A.; VIRU, M. Treinamento de força e testosterona In: KRAEMER, J. **Sistema endócrino, esporte e atividade motora**. Kiev: Olimpiskaya Literatura, 2008. p. 314-332.

VOLKOV, N. I. et al. **Bioquímica da atividade muscular**. Kiev: Olimpiskaya Literatura, 2013.

VOVK, S. I. Alguns dados do mapa cronológico da reconstrução morfofuncional sob influência do treinamento de resistência. **Teoria i Praktika Fizicheskoi Kulturi**, n. 8, p. 32-35, 2001.

VOVK, S. I. **Dialética do treinamento desportivo**. Moscou: Fizicheskaya Kultura, 2007.

WANG, Z.; NAKAYAMA, T. Inflamation, a Link between Obesity and Cardiovascular Disease. **Mediators of Inflammation**, Aug. 2010.

WEINECK, E. J. **Treinamento ideal**. 9. ed. Barueri: Manole, 2003.

WHALEY, M. H.; BRUBAKER, P. H.; OTTO, R. M. (Ed.). **Diretrizes do ACSM para os testes de esforço e sua prescrição**. 7. ed. Rio de Janeiro: Guanabara-Koogan, 2007.

WILMORE, J. H.; COSTIL, D. L.; KENNEY, W. L. **Fisiologia do exercício**. 5 ed. Barueri: Manole, 2013.

WILSON, C. R. Evidence Supporting the Use of Endurance Exercise to Decrease Dyspnea in COPD. **Cardiopulmonary Physical Therapy Journal**, v. 14, n. 3, p. 7-11, 2003.

WOLFE, L. A.; BRENNER, I. K.; MOTTOLA, M. F. Maternal Exercise, Fetal Well-Being and Pregnancy Outcome. **Exercise and Sport Sciences Reviews**, v. 22, p. 145-194, 1994.

YAMALETDINOVA, G. A. **Pedagogia da cultura física e esporte**. Moscou: Iurat, 2017.

ZAKHAROV, A. A.; GOMES, A. C. **Ciência do treinamento desportivo**. 2. ed. atual. e ampl. Rio de Janeiro: Palestra Sport, 2003.

ZATSIORSKY, V. M.; KRAEMER, W. J. **Ciência e prática do treinamento de força**. 2. ed. São Paulo: Phorte, 2008.

Bibliografia comentada

DIAS, S. B. C. D.; SELUIANOV, V. N.; LOPES, L. A. S. **Isoton**: uma nova teoria e metodologia para o fitness. Curitiba: Juruá, 2017.

É um livro que apresenta uma nova metodologia de treinamento voltada tanto para o desempenho quanto para a saúde. Apesar de o método Isoton ser muito conhecido na Rússia (local onde foi criado e fundamentado), é pouco conhecido no Brasil. Por isso, a literatura desse trabalho é de fundamental importância para pessoas que querem trabalhar com a prescrição de exercícios físicos.

KOMI, P. V. **Força e potência no esporte**. 2. ed. Porto Alegre: Artmed, 2006.

Esse livro faz parte de uma coleção lançada por uma comissão especial do Comitê Olímpico Internacional. A obra tem mais de 20 autores renomados internacionalmente e trata dos mais diversos problemas do treinamento de força para diferentes populações. Apesar de não se tratar de um lançamento, o conteúdo ainda é muito atual; além disso, por meio das palavras-chave e dos nomes dos autores, é possível acessar pesquisas recentes nos mecanismos de busca na internet.

POWERS, S. K.; HOWLEY, E. T. **Fisiologia do exercício**: teoria e aplicação ao condicionamento e ao desempenho. 8. ed. Barueri: Manole, 2014.

Esse livro é um dos manuais de fisiologia do exercício mais didáticos do meio acadêmico. Com um texto de linguagem simples e bem ilustrado, os autores conseguem transmitir claramente os conceitos fundamentais da fisiologia que são a base para o treinamento de qualquer pessoa. Além disso, no material são apresentadas discussões interessantes sobre tópicos muito importantes, como exercício físico para populações especiais e fatores associados com a saúde e o desempenho etc. Com certeza, trata-se de uma literatura indispensável para estudantes iniciantes no curso de Educação Física.

MOOREN, F. C.; VÖLKER, K. **Fisiologia do exercício molecular e celular**. Rio de Janeiro: Santos, 2012.

Essa obra, assim como qualquer livro de fisiologia do exercício, busca explicar os mecanismos de funcionamento do organismo humano. No entanto, pelo fato de a biologia molecular ser uma área que muito se desenvolveu e que explica mecanismos extremamente complexos relacionados à sinalização celular, esse é um material que exige conhecimento avançado para o pleno entendimento dos processos. Porém, paralelamente a isso, a compreensão desse conteúdo coloca o leitor em um nível superior de compreensão do desenrolar dos processos adaptativos no organismo durante o treinamento físico.

ZAKHAROV, A. A.; GOMES, A. C. **Ciência do treinamento desportivo**. 2. ed. atual. e ampl. Rio de Janeiro: Palestra Sport, 2003.

Esse livro, o único da área de treinamento desportivo indicado nesta seção, apresenta informações básicas a respeito do processo de treinamento de atletas de alto rendimento. Apesar de não se tratar de um trabalho recente, discute o tema de forma didática e muito clara e oferece uma noção bastante ampla sobre o assunto.

Respostas

Capítulo 1

Atividades de Autoavaliação

1. b
2. a
3. d
4. c
5. a

Capítulo 2

Atividades de Autoavaliação

1. e
2. c
3. e
4. d
5. d

Capítulo 3

Atividades de Autoavaliação

1. a
2. c
3. c
4. d
5. d

Capítulo 4

Atividades de Autoavaliação

1. a
2. b
3. c
4. b
5. e

Capítulo 5

Atividades de Autoavaliação

1. a
2. d
3. e
4. d
5. b

Capítulo 6

Atividades de Autoavaliação

1. c
2. e
3. c
4. a
5. e

Sobre os autores

José Cassidori Junior é licenciado e bacharel em Educação Física pela Universidade Paranaense (Unipar), mestre em Esporte de Alto Rendimento e Preparação de Atletas pela Universidade Estatal Russa de Cultura Física, Juventude, Esporte e Turismo. É professor do curso de Educação Física na Faculdade Sant'Ana e atuou como preparador físico em algumas modalidades esportivas (futebol, voleibol, handebol, atletismo, natação, judô e tênis). Seu principal foco de pesquisa se concentra na área da estruturação do processo de treinamento no esporte de alto rendimento.

Jackson José da Silva tem graduação em Educação Física pela Universidade Estadual de Ponta Grossa (UEPG), especialização em Treinamento Desportivo – Natação também pela UEPG e mestrado profissionalizante em Engenharia de Produção pela Universidade Federal do Rio Grande do Sul (UFRGS). Atualmente, é diretor e proprietário da Academia Feeling Fitness. Tem experiência na área de fisiologia, atuando principalmente com os seguintes temas: carga de trabalho, custo físico, professores de ginástica sistematizada.

Impressão:
Julho/2020